Salvadora Martínez López

Geoquímica del Arsénico en la Zona Crítica Minera Cartagena - la Unión

Salvadora Martínez López

Geoquímica del Arsénico en la Zona Crítica Minera Cartagena - la Unión

Movilización de Arsénico en Suelos Mineros Abandonados de Cartagena - la Unión

PUBLICIA

Imprint
Any brand names and product names mentioned in this book are subject to trademark, brand or patent protection and are trademarks or registered trademarks of their respective holders. The use of brand names, product names, common names, trade names, product descriptions etc. even without a particular marking in this work is in no way to be construed to mean that such names may be regarded as unrestricted in respect of trademark and brand protection legislation and could thus be used by anyone.

Cover image: www.ingimage.com

Publisher:
PUBLICIA
is a trademark of
International Book Market Service Ltd., member of OmniScriptum Publishing Group
17 Meldrum Street, Beau Bassin 71504, Mauritius
Printed at: see last page
ISBN: 978-620-2-43258-0

Agradecimientos

Agradecer al grupo de investigación Contaminación de Suelos de la Universidad de Murcia el soporte para la investigación realizada en la geoquímica del arsénico.

Agradecer a Lda Mª Carmen Gómez Martínez por la cartografia realizada.

Agradecer a la Consejería de Medio Ambiente de la Comunidad Autónoma de la Región de Murcia la financiación del proyecto Estudio del estado del arte de las investigaciones, estudios, publicaciones y líneas de investigación iniciadas de las diferentes administraciones, universidades y otros organisos ciantíficos sobre las explotaciones mineras de la Sierra Minera de Cartagena-La Unión y sus efectos en el Mar Menor- 2019

ÍNDICE

1.- EL SUELO Y LA CONTAMINACIÓN POR ARSÉNICO.

El suelo es uno de los componentes fundamentales del medio ya que constituye la parte de la superficie terrestre sobre la que se asienta la vida vegetal y sobre la cual se implanta la mayor parte de las actividades humanas, siendo, además, la interfaz entre la tierra, el aire y el agua lo que le confiere capacidad de desempeñar tanto funciones naturales como de uso. No es un cuerpo estático, sino que mantiene un equilibrio dinámico con el medio que lo rodea (Martínez Sánchez & Pérez Sirvent, 2007).

Además, el suelo presenta una gran multifuncionalidad tanto medioambiental como socioeconómica y cultural, siendo de suma importancia para los ecosistemas y la salud. Muchas de estas funciones son interdependientes y su desarrollo y evolución afectan a la sostenibilidad (Martínez Sánchez & Pérez Sirvent, 2004).

Presenta una característica que lo diferencia de los otros dos grandes compartimentos ambientales del medio terrestre (aire y agua): la resilencia. Ésta hace que los procesos de degradación en respuesta a las presiones no sean apreciables inmediatamente, sino transcurrido cierto lapso de tiempo. Es por ello por lo que históricamente las acciones en materia de protección ambiental se centraron inicialmente en la protección del agua y del aire por cuanto los signos de degradación se hicieron patentes antes (Porta et al., 2008) a pesar de que el suelo constituye uno de los medios receptores de la contaminación más sensibles y vulnerables.

No ha sido hasta hace pocos años cuando se ha reconocido a nivel mundial la importancia del recurso suelo para un desarrollo sostenible. En la Cumbre de la Tierra, celebrada en Río de Janeiro en 1992, se adoptaron por primera vez una serie de declaraciones que tenían en cuenta la protección de los suelos. En 1994 tuvo lugar la Convención de Naciones Unidas de Lucha Contra la Desertificación (UNCCD) con la finalidad de evitar y reducir la degradación del suelo, y recuperar las zonas parcialmente degradadas. Ya en esta Convención se reconoció la relación entre desertificación, pobreza, seguridad alimentaria, pérdida de biodiversidad y cambio climático (Vidal, 2002).

Dentro de los temas medioambientales, la salud del suelo quizá no atrae tanta atención social como la deforestación, la capa de ozono, la contaminación de los ríos, etc. Seguramente, porque se tiende a pensar en el suelo como un elemento inerte; no como el organismo vivo que es.

Del conocimiento y uso del suelo, sin embargo, procede una de las mayores revoluciones de la historia del ser humano, cuando la agricultura hizo sedentarios a nuestros antepasados. Fue la revolución neolítica. Desde ese momento, no ha habido un motor más duradero de progreso que la agricultura. En parte víctima de ese progreso, el suelo conoce hoy sus momentos de mayor fragilidad frente a la acción contaminante de la actividad industrial del ser humano (Martínez Sánchez & Pérez Sirvent, 2007).

1.1.- Contaminación del suelo.

La contaminación, desde un punto de vista medioambiental, es la alteración de las características físicas, químicas o biológicas de los factores medioambientales en grado tal que supongan un riesgo inaceptable para la salud humana o los ecosistemas.

Un suelo se puede degradar al acumularse en él sustancias a unos niveles tales que repercuten negativamente en el comportamiento de los suelos. Las sustancias, a esos niveles de concentración, se vuelven tóxicas para los organismos del suelo. Se trata pues de una degradación química que provoca la pérdida parcial o total de la productividad del suelo. Hemos de distinguir entre contaminación natural, frecuentemente endógena, y contaminación antrópica, siempre exógena (Martínez Sánchez & Pérez Sirvent, 2007).

En los estudios de contaminación, no basta con detectar la presencia de contaminantes sino que se han de definir los máximos niveles admisibles y además se han de analizar posibles factores que puedan influir en la respuesta del suelo a los agentes contaminantes, como son: vulnerabilidad, poder de amortiguación, movilidad, biodisponibilidad, persistencia y carga crítica, que pueden modificar los denominados "umbrales generales de la toxicidad" para la estimación de los impactos potenciales y la planificación de las actividades permitidas y prohibidas en cada tipo de medio.

- **Vulnerabilidad.** Representa el grado de sensibilidad (o debilidad) del suelo frente a la agresión de los agentes contaminantes. Este concepto está relacionado con la capacidad de amortiguación. A mayor capacidad de amortiguación, menor vulnerabilidad. El grado de vulnerabilidad de un suelo frente a la contaminación depende de la intensidad de afectación, del tiempo que debe transcurrir para que los efectos indeseables se manifiesten en las propiedades físicas y químicas de un suelo y de la velocidad con que se producen los cambios secuenciales en las propiedades de los suelos en respuesta al impacto de los contaminantes.

- **Poder de amortiguación.** El conjunto de las propiedades físicas, químicas y biológicas del suelo lo hacen un sistema clave, especialmente importante en los ciclos biogeoquímicos superficiales, en los que actúa como un reactor complejo, capaz de realizar funciones de filtración, descomposición, neutralización, inactivación, almacenamiento, etc. Por todo ello el suelo actúa como barrera protectora de otros medios más sensibles, como los hidrológicos y los biológicos. La mayoría de los suelos presentan una elevada capacidad de depuración.

Esta capacidad de depuración tiene un límite diferente para cada situación y para cada suelo. Cuando se alcanza ese límite el suelo deja de ser eficaz e incluso puede funcionar como una "fuente" de sustancias peligrosas para los organismos que viven en él o de otros medios relacionados.

Un suelo contaminado es aquél que ha superado su capacidad de amortiguación para una o varias sustancias, y como consecuencia, pasa de actuar como un sistema protector a ser causa de problemas para el agua, la atmósfera, y los organismos. Al mismo tiempo se modifican sus equilibrios biogeoquímicos y aparecen cantidades anómalas de determinados componentes que originan modificaciones importantes en las propiedades físicas, químicas y biológicas del suelo (Martínez Sánchez & Pérez Sirvent, 2007).

El grado de contaminación de un suelo no puede ser estimado exclusivamente a partir de los valores totales de los contaminantes frente a determinados valores guía, sino que se hace necesario considerar la biodisponibilidad, movilidad y persistencia.

- Por **biodisponibilidad** se entiende la asimilación del contaminante por los organismos, y en consecuencia la posibilidad de causar algún efecto, negativo o positivo.

- La **movilidad** regulará la distribución del contaminante y por tanto su posible transporte a otros sistemas.

- La **persistencia** regulará el periodo de actividad de la sustancia y por tanto es otra medida de su peligrosidad.

- **Carga crítica.** Representa la cantidad máxima de un determinado componente que puede ser aportado a un suelo sin que se produzcan efectos nocivos (Porta et al., 2008).

1.2- Normativa para la gestión de suelos contaminados.

La contaminación de los suelos es un episodio importantísimo del problema de la contaminación ambiental, pues el suelo permite prolongar en el tiempo sus indeseables efectos. En cuanto que éstos afectan a las personas corresponde al Derecho regular el sistema de deberes y privilegios de los ciudadanos en relación con el uso y la protección de un recurso natural tan básico como es el suelo (Martínez Sánchez & Pérez Sirvent, 2007).

La conciencia social y política de que el ser humano tiene que relacionarse con su entorno natural de una forma respetuosa y responsable es bastante reciente. Apenas cumple una década como tema de atención más o menos prioritario, y por tanto, de ese momento parte su plasmación en las distintas legislaciones regionales, estatales o europeas.

A nivel europeo no existe una normativa específica que aborde directamente la protección del suelo, aunque sí sobre la posibilidad de contaminarlo por la utilización agrícola de lodos de depuradoras (Directiva 278/86 CEE). Existen otros instrumentos legislativos comunitarios que abordan indirectamente, pero no de forma explícita, la protección del suelo, entre los que se incluyen las Directivas relativas a los nitratos (91/676/CEE) y a las aguas residuales (91/271/CEE).

La protección del suelo forma parte también de las buenas prácticas agrarias y está implícita en el Reglamento sobre la ayuda al desarrollo rural (1257/99/CE, capítulo sobre el medio ambiente agrario) y el Reglamento por el que se establecen las disposiciones comunes aplicables a los regímenes de ayuda directa en el marco de la política agrícola común (Navarro, 2004).

La normativa específica sobre suelos contaminados aparece en nuestro país, por primera vez, contenida en la Ley 10/1998, de 21 de abril de Residuos, que le dedica el Título V, artículos 27 y 28 (BOE nº 96, de 22-4-98) y el Real Decreto 9/2005, de 14 de enero, por el que se establece la relación de actividades potencialmente contaminantes del suelo y los criterios y estándares para la declaración de suelos contaminados (BOE nº 15, de 18-1-2005). La legislación básica obliga, por un lado a las Comunidades Autónomas a declarar, delimitar e inventariar suelos contaminados, lo que supone la obligación de los causantes de la contaminación de realizar operaciones de limpieza y recuperación; y por otro lado, se establecen obligaciones para las actividades potencialmente contaminantes de suelos (Orden PRA/1080/2017, 2 de noviembre, por la que se modifica el anexo I del Real Decreto 9/2005, de 14 de enero), en un enfoque eminentemente preventivo.

La Ley 10/1998 de 21 de abril de residuos, define ***suelo contaminado*** como "todo aquel cuyas características físicas, químicas o biológicas han sido alteradas negativamente por la presencia de componentes de carácter peligroso de origen humano, en concentración tal que comporte un riesgo para la salud humana o el medio ambiente, de acuerdo con los estándares que se determinen por el Gobierno". Por lo tanto, será necesario conocer cuales serán los estándares de contaminación del suelo para declarar, legalmente, un suelo como contaminado.

El R.D. 9/2005 define ***suelo contaminado*** como "aquel cuyas características han sido alteradas negativamente por la presencia de componentes químicos de carácter peligroso de origen humano, en concentración tal que comporte un riesgo inaceptable para la salud humana o el medio ambiente, y así se haya declarado mediante resolución expresa" (art. 2.j) (Real Decreto 9/2005).

La Ley 22/2011, de 28 de julio, de residuos y suelos contaminados, actualiza la anterior legislación. En ellas, se define "*Suelo contaminado: aquel cuyas características han sido alteradas negativamente por la presencia de componentes químicos de carácter peligroso procedentes de la actividad humana, en concentración tal que comporte un riesgo inaceptable para la salud humana o el medio ambiente, de acuerdo con los que se determinen por el Gobierno, y así se haya declarado mediante resolución expresa".* Por ello, la gestión de suelos contaminados pivota fundamentalmente en el concepto de inaceptable como una obligación legal de protección de la salud humana en España. Esto va en la línea de la concepción que se viene aplicando en otros países, como EE.UU., para el diagnóstico y la recuperación de dichos suelos desde hace varios años.

Actualmente existe el borrador del anteproyecto de Ley de Residuos y suelos contaminados (02-06-2020), que destina un capítulo VI a los suelos contaminados. En su articulo 49 define cuando se declarará un suelo como contaminado: L*as comunidades autónomas declararán y delimitarán los suelos contaminados, debido a la presencia de componentes de carácter peligroso procedentes de las actividades humanas, evaluando los riesgos para la salud humana o el medio ambiente, de acuerdo con los criterios y estándares que, establecidos en función de la naturaleza de los suelos y de sus usos, se determinen por el Gobierno previa consulta a las comunidades autónomas.*

1.3.- El Arsénico.

El arsénico es el elemento químico, cuyo símbolo es As y su número atómico 33. Es un elemento natural que se comporta como un elemento traza. Se encuentra ampliamente distribuido en la naturaleza (cerca de $5x10^{-4}$ % de la corteza terrestre). Su ubicuidad en los seres vivos induce cierta controversia sobre su esencialidad. Aunque, en general, se considera un elemento no esencial y tóxico, se ha observado que es esencial para las plantas, puesto que en pequeñas dosis estimula el crecimiento (Kabata-Pendias, 2007).

El arsénico tiene una configuración electrónica s^2p^3 en su capa de valencia, pudiendo originar el llamado As (III) y el As (V), que presentan mayor tendencia a formar enlaces covalentes que iónicos. Pertenece al grupo V a, (Cornelis et al., 2005) y existe esencialmente en cuatro estados de oxidación (-III, 0, + III y +V) en sistemas naturales, principalmente como arseniato inorgánico [As (V)] y arsenito [As (III)]. La presencia de especies orgánicas es normalmente insignificante (Wang et al., 2008, Drahota et al., 2009). El arsénico elemental tiene varias formas alotrópicas. Se han identificado más de 25 compuestos de arsénico en muestras biológicas.

El arsénico inorgánico se encuentra ampliamente distribuido en el medio ambiente. Aparece en la naturaleza fundamentalmente en dos estados de oxidación: As (III) y As (V), esto es, arsénico trivalente y pentavalente, entre los que podemos citar el trióxido de arsénico, arsenito sódico, pentaóxido de arsénico y los arseniatos de plomo o calcio. Está comprobado que el As (III) es más tóxico que el As (V) y estos a su vez más que el As metálico. Se cree que la mayor toxicidad del As (III) se debe a su capacidad de quedar retenido en el organismo, ya que se enlaza a los grupos sulfhidrilo. Se presenta habitualmente asociado a los depósitos de sulfuros, siendo muy abundante en las fajas piríticas (Ruiz et al., 2008).

También forma compuestos orgánicos y puede metilarse por acción de las bacterias y otros seres vivos en sedimentos y aguas naturales.

Las especies de arsénico pueden sufrir transformación vía abiótica o procesos bióticos. Los procesos que normalmente ocurren son la oxidación, reducción, adsorción, desorción, disolución, precipitación y volatilización del arsénico (Cornelis et al., 2005).

El arsénico elemental y el trióxido de arsénico son las partículas principales encontradas en los depósitos atmosféricos. El trióxido arsénico es un producto de operaciones de fundición. El arseniato es la forma inorgánica del arsénico termodinámicamente más estable en el suelo y agua. El arseniato y el arsenito pueden convertirse fácilmente bajo condiciones oxidantes o reductoras.

La arsina y la metilarsina son generalmente volátiles e inestables en aire. La arsina es un gas tóxico con un olor típico a ajo y un potente agente hemolítico con efectos potencialmente letales (Briceño, 2004). La arsina se descompone según la reacción:

$$\mathbf{AsH_3\ 1/nAs_n + 1.5H_2\ (+66.5\ kJ)}$$

Varias publicaciones informan sobre la biotransformación de la especie arsénica inorgánica altamente tóxica a las especies arsénicas inorgánicas menos tóxicas como ácido monometilarsénico o ácido dimetilarsénico. Los compuestos arsénicos se metabolizan en animales, plantas, algas y hongos a organoarsenicos más complejos como arsenobetaina, arsenocolina, dimetilarsynilribosides y tetrametrylarsonium ion y una parte pequeña a alguna otra especie de arsénico no identificada (Cornelis et al., 2005).

En los organismos vivos el As (III) sufre diversos procesos de detoxificación, como su oxidación a As (V) y biometilación a MA y DMA, entre otras sustancias. La Figura 1.1 muestra algunas de las formas químicas de arsénico presentes en la naturaleza. Se han omitido los arsenoazúcares con diferente grado de metilación (Francesconi y Kuehnelt, 2004).

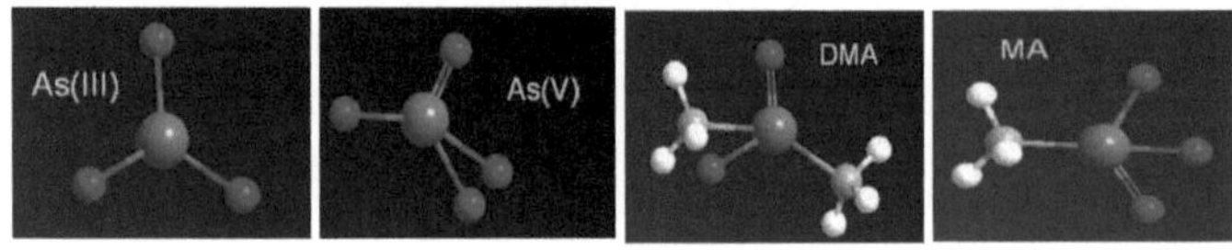

Figura 1.1.- Algunas formas de arsénico en la naturaleza.

La especiación se considera un factor dominante y que controla la movilidad, disponibilidad y toxicidad de los elementos (Roussel et al., 2000).

La determinación de las distintas formas en que el arsénico se encuentra presente en cualquier muestra; ***especiación*** ha despertado un extraordinario interés debido a que la toxicidad de las distintas especies químicas es bien diferente. Los estudios de especiación de arsénico son fundamentales para evaluar el riesgo de exposición ocupacional. En general, se puede decir que la toxicidad disminuye a medida que aumenta el grado de metilación. Así por ejemplo, el grado de toxicidad aumenta en el orden As (III) > As (V) > MA > DMA. En el caso de la arsenobetaína parece demostrado que no posee efectos tóxicos para el ser humano. Por tanto, la presencia de arsénico no es sinónimo de toxicidad, todo depende de las especies químicas presentes (Rutter et al., 2007).

Las fuentes de arsénico en el medio ambiente son tanto naturales como antropogénicas.

De forma natural el As se encuentra en más de 200 minerales: 60% arseniatos, 20% sulfuros y sulfosales, y el 20% restante son arseniuros, arsenitos, óxidos, arsénico elemental y aleaciones naturales. La corteza terrestre y las rocas contienen alrededor de 2 a 3 μg As/g (se estable un rango de 0.1 a cientos de $\mu g g^{-1}$). Las rocas sedimentarias contienen, en general, altos niveles de As (0.5 - 455 $\mu g g^{-1}$) mientras que las rocas ígneas (0.06-113 $\mu g g^{-1}$). Las arenas y las piedras areniscas tienden a tener la concentración más baja. La mayor parte de arsénico esta unido a la pirita. Las dos fuentes naturales predominantes de arsénico en la atmósfera son la volatilización a baja temperatura (alrededor de 26.000 toneladas por año) y la actividad volcánica (alrededor de 17.000 toneladas por año) (Cornelis et al., 2005).

En cuanto a las actividades antropogénicas, es de destacar que la producción mundial de As se estima en 75 a 100.000 toneladas por año. Algunos procesos industriales tales como la minería, la fundición de elementos no férreos, especialmente el cobre, plomo y zinc o las plantas eléctricas de carbón son procesos que contribuyen a que haya arsénico en aire, agua y suelo.

En la actualidad y a lo largo de todo el mundo, se encuentran depósitos de desechos mineros y escorias de fundiciones que contienen grandes cantidades de arsénico y elementos traza asociados (Carbonell et al., 1995).

En la actualidad el As se sigue utilizando en aleaciones y que la demanda de arsénico metálico ha sido muy limitada, aproximadamente el 70-80% del arsénico que se produce es usado como conservante de madera, para que no se deteriore o se pudra (Gálan Huertos, E., 2009, informe privado).

Los compuestos inorgánicos de arsénico que se usaron predominantemente como plaguicidas, principalmente en cosechas de algodón y huertos frutales, no se utilizan actualmente en la agricultura (Gálan Huertos, E., 2009, informe privado).

Con respecto a los efectos del arsénico se advierte que este elemento tiene una influencia directa en las actividades microbianas, especialmente, en el suelo (Cornelis et al., 2005).

En las plantas, altas concentraciones de arsénico provocan necrosis en las hojas, así como decoloración de la raíz (son síntomas que indican una restricción en el movimiento del agua en la planta y puede dar lugar a la muerte de la misma) (Adriano, 2001). Por otro lado, la acumulación excesiva de arsénico en la planta es tóxico dado que reacciona con enzimas y también modifica el sistema de flujo del fósforo en la planta lo que provoca la interrupción de flujos de energía a las células (Kabata-Pendias, 2007).

En algunos hongos (*Scopulariopsis brevicaulin*) se ha observado que la reducción del arseniato a arsenito puede accionar la desnaturalización que causa el estrés oxidativo en la planta (Kabata-Pendias, 2007).

Los organismos vivos, tanto terrestres como acuáticos, reaccionan de diferente forma a la exposición al arsénico. Los efectos dependen de la forma química del arsénico, del tipo de entorno ambiental y de la sensibilidad biológica de cada especie.

La exposición humana al arsénico puede ser a través de la comida, agua y aire. La exposición puede ocurrir también a través del contacto con la piel con suelo o agua que contenga arsénico.

La exposición a arsénico inorgánico puede causar varios efectos sobre la salud, como es irritación del estómago e intestinos, disminución en la producción de glóbulos rojos y blancos, cambios en la piel e irritación de los pulmones. Se ha postulado que la toma de cantidades significantes de arsénico inorgánico puede intensificar las posibilidades de desarrollar cáncer, especialmente las posibilidades de desarrollo de cáncer de piel, pulmón, hígado, linfa. Puede causar pérdida de la resistencia a infecciones, perturbación en el corazón y daño del cerebro, así como infertilidad y abortos en mujeres (Moreno, 2003).

El arsénico tiende a combinarse con biomoléculas que contengan átomos de S y P. Así, se une a los grupos sulfhidrilo inhibiendo la acción enzimática y sustituyendo al P en reacciones de fosforilación. El arsenito se une a los grupos tioles inhibiendo la actividad de la ADN ligasa. El arsenito puede sustituir al fosfato en las macromoléculas como el ADN, produciendo mutaciones.

Los síntomas de envenenamiento por arsénico en el hombre pueden ser agudos o crónicos. Ambos producen alteraciones en el sistema respiratorio, gastrointestinal, cardiovascular y nervioso. Estos efectos pueden ser muy variables, reversibles, pueden desarrollar un cáncer y en caso agudo producir la muerte (Carbonell et al., 1995).

La metilación que ocurre en el hígado y en los riñones humanos, convierte buena parte del arsénico inorgánico a (CH_3) $(OH)_2AsO$, que es rápidamente excretado.

El arsénico orgánico no causa cáncer, ni tampoco daña el ADN, pero exposiciones a dosis elevadas puede causar ciertos efectos sobre la salud humana, como es lesión de nervios y dolores de estómago.

Las aves comen peces que contienen eminentes cantidades de arsénico y morirán como resultado del envenenamiento por arsénico como consecuencia de la descomposición de los peces en sus cuerpos.

- ***Concentración de arsénico.***

<u>En el mundo.</u>

El arsénico, es un contaminante significativo en los suelos y en las aguas de muchas regiones del mundo (Figura 1.2). Dependiendo del país, la concentración de arsénico en suelos y aguas subterráneas varía (Tabla 1.1).

Se han encontrado altas concentraciones de As en el agua de bebida (alrededor de 50 $\mu g\ L^{-1}$) en varios países como Argentina, Chile, China, Japón, México, Polonia, Mongolia, Nepal, Taiwán, Vietnam, y algunas partes de Estados Unidos.

Paradójicamente, las aguas subterráneas con altos niveles de As no necesariamente se relacionan con las áreas con altas concentraciones de As procedentes de rocas o sedimentos.

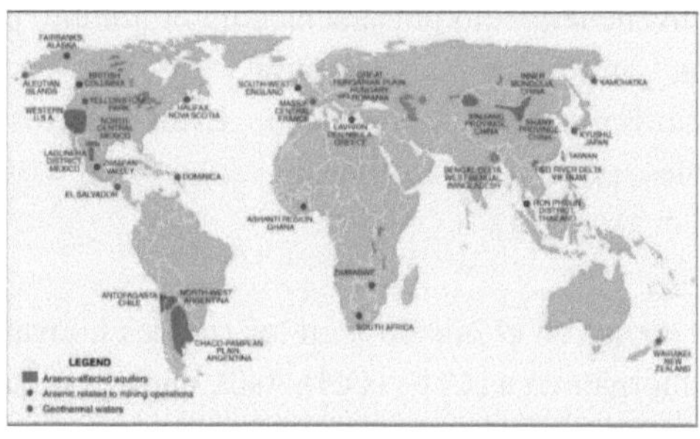

Figura 1.2.- Distribución de los problemas mundiales del As en el agua subterránea en los principales acuíferos, así como el agua y los problemas ambientales relacionados, fuentes mineras y geotérmicas. Las áreas en azul son lagos (adaptado de Smedley y Kinniburgh, 2002).

Tabla 1.1.- Concentración de arsénico en suelos y aguas subterráneas en diferentes partes del mundo.

VALORES DE As EN EL MUNDO				
Localización	**Concentración de As en los sedimentos ($mg\ Kg^{-1}$)**	**Ref**	**Concentración de As en las aguas subterráneas ($mg\ L^{-1}$)**	**Ref**
Taiwan			0.01-1.82 (Rango)	1
Chile			0.8 (Valor medio)	1
México	0.1-40 (Rango)	7	0.5-3.7 (Rango)	1
Argentina			0.1 (Valor medio)	1
Oregón			0.05-1.7 (Rango)	1
California			0.05-1.4 (Rango)	1
Ontario			0.10-0.41 (Rango)	1
Hungría			0.06-4.0 (Rango)	1
Nueva Zelanda			8.5 (Valor medio)	1
Alaska			0.05-0.07 (Rango)	1
Banglades	50 (Valor medio)	4	0.05 (Valor medio)	2,4
Australia	20-100(Rango)	3		
Canadá	4-150(Rango)	5	0.001-0.005 (Rango)	5
Italia	20 (Valor medio)	6,8		
Suiza	2.2 (Valor medio)	8		
Japón	9 (Valor medio)	8		
Estados Unidos	< 0.1- 97 (Rango)	9		

1: Hossain, 2005; 2: Alam et al., 2003; 3: Smith et al., 2005; 4: Bhattacharyya et al., 2008; 5: Wang et al., 2006; 6: Ungaro et al., 2008; 7: Ongley et al., 2007; 8: Dahal et al., 2008; 9: Fayiga et al., 2007.

En Europa.

A nivel europeo, la concentración media de As en suelo varía mucho de unos países a otros e incluso dentro del mismo país (Figura 1.3a). En los sedimentos de rambla y los de inundación (Figuras 1.3 b, c) las concentraciones medias son similares a la del suelo (Tabla 1.2).

Las mayores concentraciones de As en agua se encuentran en zonas (Figura 1.3 d) como el noroeste de Italia, al noreste de Grecia y los Países Bajos entre otros. En España, los niveles más altos se encuentran en el suroeste de la Península, coincidiendo con la zona minera de Rio Tinto.

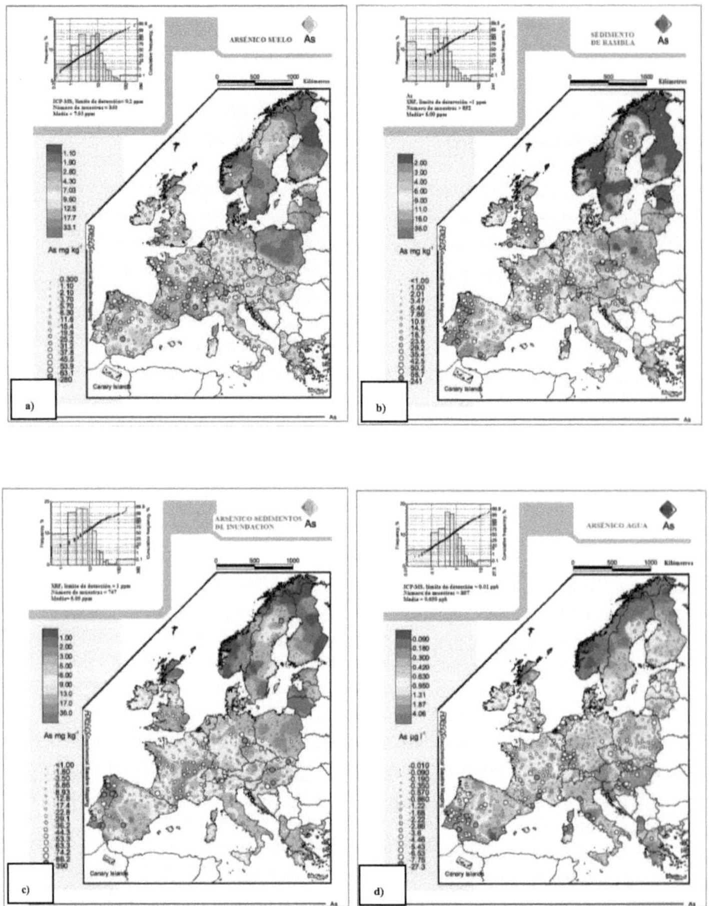

Figura 1.3.- Concentración de As (nivel europeo) en: a) suelo, b) sedimento de rambla, c) sedimentos de inundación y d) agua (modificado de Salminen et al., 2005. Proyecto FORGES).

Tabla 1.2.- Concentraciones de As en suelo, sedimentos y agua en Europa.

VALORES DE As EUROPEOS							
	Unidad	Mínimo	Máximo	Media	Mediana	Desv.Est	Percentil 90
Suelo	mg kg^{-1}	0.32	282	11.6	7.03	20.1	22.9
Sedimentos de Rambla	mg kg^{-1}	<1.0	241	10.1	6.0	15.6	22.0
Sedimentos de inundación	mg kg^{-1}	<1.0	390	12.2	6.0	24.6	23.0
Agua	µg L^{-1}	<0.01	27.3	1.24	0.63	2.25	2.45

En la Comunidad Autónoma de la Región de Murcia.

El contenido medio de As en los suelos de la Región es de 7.84 ppm (Tabla 1.3), encontrándose las mayores concentraciones en los suelos de la zona costera de Águilas (Figura 1.4). Cabe destacar que para el establecimiento de los Niveles Genéricos de Referencia (NGR) de elementos traza en la Región de Murcia llevada a cabo por Martínez-Sánchez y Pérez-Sirvent en 2007, se han excluido la denominada ZONA MINERA DE EXCLUSIÓN, que comprende las ZONAS MINERAS DE CARTAGENA, LA UNIÓN Y MAZARRÓN, ASÍ COMO SUS ÁREAS DE INFLUENCIA.

La mediana se tomó como nivel de fondo. El Nivel Genérico de Referencia se calculó siguiendo los criterios propuestos en el Real Decreto de 14 de enero de 2005:

"*Los resultantes de sumar a la concentración media el doble de la desviación estándar de las concentraciones existentes en suelos de zonas no contaminadas y con sustratos geológicos de similares características*".

"A efectos de evaluación de la contaminación del suelo, los Niveles Genéricos de Referencia para elementos serán únicos y, por tanto, aplicables a cualquier uso del suelo y atendiendo tanto a la protección de la salud humana como a la protección de los ecosistemas".

En la Zona 3a (Figura 1.4) se remarcan los suelos no contaminados estudiados en el entorno de la zona de estudio. Los valores estadísticos de As, así como los

Niveles de Fondo y los Niveles Genéricos de Referencia de la Región de Murcia Zona 3a aparecen en la Tabla 1.3 (Martínez Sánchez & Pérez Sirvent, 2007).

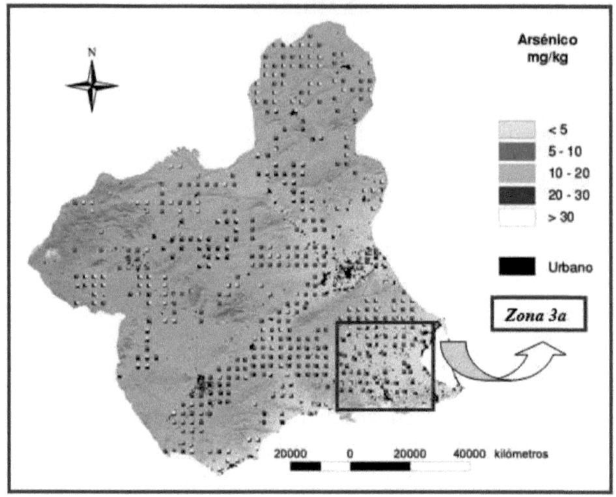

Figura 1.4.- Contenido total de arsénico en los suelos de la Comunidad Autónoma de la Región de Murcia (modificado Martínez-Sánchez y Pérez-Sirvent, 2007).

Tabla 1.3.- Concentración de arsénico en la Comunidad Autónoma de la Región de Murcia y en la Zona 3a.

VALORES DE As EN LA COMUNIDAD AUTÓNOMA DE LA REGIÓN DE MURCIA							
	Unidad	Mínimo	Máximo	Media	Mediana	Desv.Est	Percentil 90
Suelo	mg kg^{-1}	0.3	72.7	7.8	6.6	6.6	8.5
Nivel de fondo (ppm) = 6.65 ---- Nivel Genérico de Referencia = 21.14							
VALORES DE As EN LA ZONA 3a							
	Unidad	Mínimo	Máximo	Media	Mediana	Desv.Est	Percentil 90
Suelo	mg kg^{-1}	2.4	19.6	7.1	7.0	2.9	8.9
Nivel de fondo (ppm) = 6.98 ---- Nivel Genérico de Referencia = 13.00							

Ciclo global Biogeoquímico del Arsénico.

En los últimos años, y probablemente debido al espectacular auge que ha experimentado el sentimiento ecologista, se han propuesto diferentes ciclos para el arsénico, bien para ecosistemas aislados o bien para sistemas globales. Pero antes de pasar a considerar un ciclo estimativo global, parece conveniente el estudio de las magnitudes de los diferentes flujos de transferencia de arsénico a lo largo y ancho de la superficie terrestre.

En la Tabla 1.4 (Carbonell et al., 1995), se aprecia como para el arsénico, las emisiones naturales son menores que las emisiones de carácter antropogénico (la proporción entre las emisiones industriales y el contenido natural del elemento en la atmósfera es menor que la unidad).

Tabla 1.4.- Flujos de arsénico relacionados con el ciclo global del elemento. Todos los flujos se expresan como 10^8 g/año.

Elemento	Minería	Emisiones Polvo	Emisiones Antropogénicas (E_a)	Contenido naturales (E_n)	Ríos	(E_a)/ (E_n)
As	460	28	780	2900	3000	0.3
Hg	89	0.4	110	410	50	0.3
Zn	58000	360	8400	10000	25000	0.8
Cu	71000	190	2600	2600	11000	1.0
Fe	600000	280000	110000	49000	9900000	2.2

Mackenzie et al., (1979) propusieron un ciclo biogeoquímico global (Figura 1.5) para describir el papel del arsénico en cada uno de los ecosistemas fundamentales, así como los flujos que entre ellos se establecen, basándose en la recopilación y evaluación de multitud de datos procedentes de muy diversas fuentes (Carbonell et al., 1995).

En medios reductores como son los sedimentos, el arseniato es reducido a arsenito y éste mediante metilación y oxidación es transformado en compuestos tales como los ácidos metil y dimetilarsónico. Diversos microorganismos como hongos, bacterias y levaduras, transforman estos ácidos anteriores en derivados metilados de la arsina, trimetilarsina o dimetilarsina, que pueden emitirse a la atmósfera.

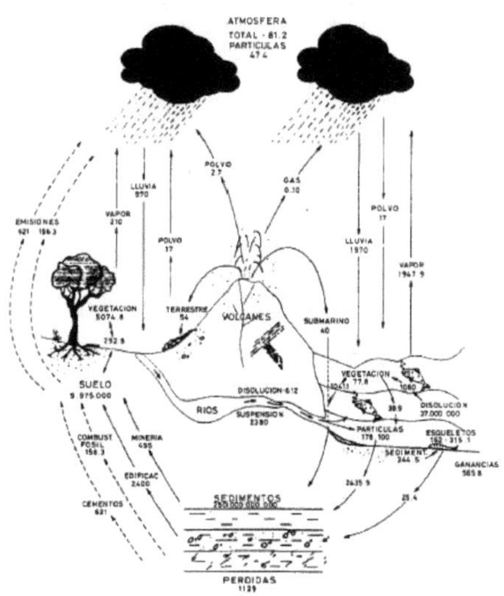

Figura 1.5.- Ciclo global biogeoquímico del arsénico.

Según Mackenzie et al., (1979) $210x10^8$ gramos de arsénico se pierde anualmente en la atmósfera desde la superficie terrestre debido a estos procesos (Carbonell et al., 1995).

Actualización de este ciclo de carácter estático.

La actividad humana ha modificado el ciclo global para el arsénico, produciendo pérdidas de As de los sedimentos, $1129x10^8$ g/año, y enriqueciendo los suelos, $660x10^8$ g/año y los océanos, $566x10^8$ g/año.

El tiempo de resilencia de estos compuestos en la atmósfera es de 10 días, aproximadamente el mismo espacio temporal que permanece el agua en este compartimento. En la actualidad, existe un elevado flujo de arsénico desde los ríos hacia los océanos como consecuencia de la fuerte erosión y degradación que está sufriendo la superficie continental. Gran cantidad del contaminante se transporta como material en suspensión, y una vez se alcanza el océano se incorporan a los sedimentos oceánicos, aunque una parte del arsénico puede incorporarse al agua.

En la Tabla 1.5 (Mackenzie et al., 1979) se recogen los tiempos de resilencia estimados para el arsénico en distintos compartimentos o ecosistemas individuales. En ella se observa como el tiempo de residencia del elemento contaminante en la vegetación terrestre y oceánica es similar al del carbono orgánico en estos mismos compartimentos, de modo que no se dan acumulaciones significativas de arsénico en la vegetación, aunque algún organismo vegetal en particular pueda acumular puntualmente el contaminante. Por último indicar que aunque la actividad humana ha desplazado del equilibrio el ciclo global estacionario descrito con anterioridad para el arsénico, y debido a que los tiempos de residencia del contaminante en los suelos, océanos y sedimentos son enormes si los comparamos con el espacio temporal ocupado por la vida humana, la posibilidad de una acumulación de arsénico en alguno de estos ecosistemas hasta niveles tóxicos está totalmente injustificada, aunque es cierto que puede ocasionar problemas puntuales a tener en cuenta (Carbonell et al., 1995).

Tabla 1.5.- Tiempos de resilencia (años) del arsénico en diversos ecosistemas o compartimentos (Carbonell et al., 1995).

Compartimento	Arsénico	Selenio	Mercurio
Sedimentos	99.800.000	93.500.000	90.800.000
Océanos (disolución)	9.400	2.200	880
Suelo	2.400	4.600	280
Vegetación Terrestre	17	17	22
Vegetación Oceánica	0.07	0.07	0.12
Atmósfera (Total)	0.03	0.03	0.1

1.3.1.- Arsénico en el medio ambiente.

➢ ARSÉNICO EN EL SUELO.

El nivel natural de arsénico en suelos depende del tipo de roca, el rango normal es de 1 a 40 µgAs/g. En general, los niveles de arsénico en suelos no contaminados rara vez excede las 10 μgg^{-1}. La Comunidad Europea recomienda que los niveles de arsénico total en suelo no excedan 20 μgg^{-1}. En áreas agrícolas los residuos de arsénico pueden acumularse hasta las 600 μgg^{-1} (Cornelis et al., 2005). Otras zonas donde se dan con frecuencia altas concentraciones de As son las áreas de actividad geotérmica notable así como los suelos procedentes de roca madre de origen volcánico (Carbonell et al., 1995).

Las explotaciones mineras y actividades de mena, representan las principales fuentes antrópicas de entrada locales de As en suelo (Filippi et al., 2007). En las cercanías de las plantas de explotación minera o de las centrales eléctricas de carbón en Australia pueden ser localizados suelos contaminados donde se han registrado concentraciones de más de 1000 μgg^{-1}. En minas abandonadas de Inglaterra, la contaminación por arsénico total, excedía las 20.000 μgg^{-1} con su concentración máxima a una profundidad de 20 a 40 mm (Cornelis et al., 2005).

Es un elemento fuertemente calcófilo que forma parte de gran cantidad de Sulfuros y Sulfoarseniuros, principalmente Arsenopirita (FeAsS), aunque también Rejalgar (AsS) y Oropimente (As_2S_3). Está relacionado con otros sulfuros como la Galena, la Pirita y Esfalerita (Martínez Sánchez & Pérez Sirvent, 2007).

El arsénico aparece como un constituyente principal en más de 200 minerales (As nativo, arseniuros, sulfuros, óxidos, arseniatos y arsenitos), aunque apenas una docena son relativamente frecuentes (Tabla 1.6). Los minerales primarios de As más importantes son Arsenopirita (FeAsS), Rejalgar (AsS) y Oropimente (As_2S_3). El arsénico en forma oxidada está representado por el mineral Arsenolita (As_2O_3).

Aunque no como componente mayoritario, el arsénico también se encuentra en concentraciones variables formando parte de un gran número de minerales, tanto primarios como secundarios. Las mayores concentraciones de arsénico aparecen en sulfuros como pirita, calcopirita, galena y marcasita (Tabla 2.4.8), donde el arsénico se encuentra sustituyendo al azufre en la estructura. En estos minerales, el contenido de arsénico puede superar el 10% en peso del mineral.

La pirita es el sulfuro más frecuente en la naturaleza, ya que además de formarse en ambientes hidrotermales, también se forma en medios sedimentarios de baja temperatura en condiciones reductoras. Esta pirita autigénica juega un importante papel en el ciclo geoquímico del arsénico, al encontrarse en una gran variedad de ambientes, incluyendo ríos, lagos, fondos marinos, y acuíferos, donde al formarse puede incorporar arsénico en su estructura, y donde, al variar las condiciones del medio, puede oxidarse y liberar ese arsénico.

Tabla 1.6.- Minerales de arsénico más frecuentes.

Mineral	Composición	Ocurrencia
Arsénico nativo	As	Venas hidrotermales
Niccolita	NiAs	Filones y noritas
Rejalgar	AsS	Filones, muchas veces asociado con oropimente, arcillas y carbonatos en "hot springs"
Oropimente	As_2S_3	Venas hidrotermales, "hot springs". También como producto de sublimation de emanaciones volcánicas
Cobaltita	CoAsS	Depósitos de alta temperatura, rocas metamórficas
Arsenopirita	FeAsS	Es el mineral de As más abundante. Muy frecuente en filones
Tennantita	$(Cu,Fe)_{12}As_4S_{13}$	Venas hidrotermales
Enargita	Cu_3AsS_4	Venas hidrotermales
Arsenolita	As_2O_3	Mineral secundario formado por oxidación de arsenopirita, arsénico nativo y otros minerales de arsénico
Claudetita	As_2O_3	Mineral secundario formado por oxidación de rejalgar, arsenopirita, y otros minerales de arsénico
Escorodita	$FeAsO_4.2H_2O$	Mineral secundario
Annabergita	$(Ni,Co)_3(AsO_4)_2 \cdot 8H_2O$	Mineral secundario
Hoernesita	$Mg_3(AsO_4)_2.8H_2O$	Mineral secundario, en escorias
Hematolita	$(Mn,Mg)_4Al(AsO_4)(OH)_8$	Mineral en fisuras de rocas metamórficas
Conicalcita	$CaCu(AsO_4)(OH)$	Mineral secundario
Farmacosiderita	$Fe_3(AsO_4)_2(OH)_3.5H_2O$	Producto de oxidación de arsenopirita y otros minerales de arsénico
Arseniosiderita	$Ca_2Fe_3O_2(AsO_4)_33H_2O$	Krause y Ettel (1989)
Adamita	$Zn_2(AsO_4)(OH)$	Gas`kova et al., (2008)
Conichalcita	$CaCu(AsO_4)(OH)$	Gas`kova et al., (2008)
Köttigita	$Zn_3(AsO_4)_28H_2O$	Lee y Nriagu (2007)
Farmacolita	$Ca(HAsO_4)2H_2O$	Rodríguez-Blanco et al., (2007)
Mimetita	$Pb_5(AsO_4)_3Cl$	Magalhäes y Silva (2003)

En condiciones altamente reductoras, el As coprecipita con los sulfuros de hierro como arsenopirita (FeAsS) o como sulfuros de arsénico (AsS, As_2S_3). Además, bajo condiciones aeróbicas, estos sulfuros son fácilmente oxidables, desprendiendo As al medio ambiente.

Otros minerales donde puede encontrarse arsénico en concentraciones apreciables son los óxidos y oxihidróxidos, sobre todo los de hierro (Tabla 1.7), y en menor proporción los de manganeso y aluminio, fases minerales donde puede estar formando parte de la estructura o adsorbido en su superficie. La adsorción de As (V) en oxihidróxidos de hierro, es el mecanismo más efectivo de retención de arsénico en la fase sólida. Los fosfatos son otro grupo de minerales que pueden tener contenidos relativamente altos de arsénico (por ejemplo, el apatito, Tabla 1.7). El arsénico puede sustituir a Si^{4+}, Al^{3+}, Fe^{3+} and Ti^{4+} en muchas estructuras minerales, encontrándose de esta manera en muchos minerales formadores de rocas, si bien en concentraciones muy bajas. Por ejemplo, la mayoría de los silicatos contienen alrededor de 1 ppm o menos (Baur y Onishi, 1969, Tabla 1.7). Los carbonatos (calcita, dolomita y siderita) normalmente tienen menos de 10 ppm (Boyle y Jonasson, 1973, Tabla 1.7).

El arseniato (H_2AsO^{4-}), arsenito (H_2AsO^{3-}) y fosfato (H_2PO^{4-}) son oxianiones que tienen un comportamiento similar en los suelos. El fosfato y, particularmente, el As (V) parecen competir por las zonas de absorción, aunque algunas zonas estén preferiblemente disponibles para la absorción del P o del As (V). Debido a la naturaleza competitiva del fosfato con el arseniato, el uso de éste como fertilizante en un suelo de huerta incrementa significativamente la cantidad de As lixiviado o soluble del suelo.

Las reacciones del arsénico en el suelo están condicionadas por su estado de oxidación. Los arseniatos son fijados por las arcillas, los fosfatos, el humus y el calcio, siendo la Goethita y los óxidos de aluminio los compuestos más activos en la retención del arsénico (Kabata-Pendias, 2001).

Tabla 1.7.- Concentración de arsénico en algunos de los minerales más comunes.

Mineral	***Concentración de As (ppm)***	***Referencia***
	Sulfuros:	
Pirita	100-77.000	(a)
Pirrotina	5-100	(b)
Galena	5-10.000	(a)
Esfalerita	5-17.000	(a)
Calcopirita	10-5.000	(a)
	Óxidos:	
Hematites	Hasta 160	(a)
Óxidos de Fe	Hasta 2.000	(b)

Mineral	*Concentración de As (ppm)*	*Referencia*
Oxihidróxido de Fe (III)	Hasta 76.000	(c)
Magnetita	2.7-41	(a)
	Silicatos:	
Cuarzo	0.4-1.3	(a)
Feldespato	<0.1-2.1	(a)
Biotita	1.4	(a)
Anfíbol	1.1-2.3	(a)
Olivino	0.08-0.17	(a)
Piroxeno	0.05-0.8	(a)
	Carbonatos:	
Calcita	1-8	(b)
Dolomita	<3	(b)
Siderita	<3	(b)
	Sulfatos:	
Yeso/Anhidrita	<1-6	(b)
Barita	<1-12	(b)
Jarosita	34-1.000	(b)
	Fosfatos:	
Apatito	<1-1.000	(a), (b)

(a: Baur y Onishi, 1969, b: Boyle y Jonasson, 1973, c: Pichler et al., 1999).

Los factores que afectan a la movilidad y biodisponibilidad del arsénico en el suelo son (Adriano, 2001):

- **Especies químicas del Arsénico.**

La alcalinización del suelo contribuye asimismo a aumentar la movilidad del arsénico (Álvarez-Benedí et al., 2005).

La forma química en que el As se encuentra en el suelo determina su biodisponibilidad y toxicidad (Adriano, 2001).

El arseniato (V) y el arsenito (III) son las especies primarias de As en suelos y aguas naturales. El As (III) es la forma más soluble y movilizable, así como la especie más tóxica (Adriano, 2001).

Las especies químicas también influyen en la afinidad de absorción del arsénico. Por ejemplo, la adsorción de As en alumina a pH menor de 6 disminuye en este orden: As (V) > MMAA=DMAA>As (III), mientras que a pH mayor que 6, el orden fue: As (V) > As (III) > MMAA=DMAA (Cornelis et al., 2005). En general, la afinidad por el As en suelos y sedimentos es mayor por el As (V) que por el As (III). El arsénico está presente como $H_2AsO_4^-$ en suelos ácidos y como $HAsO_4^{2-}$ en suelos alcalinos. En los sistemas acuáticos, la formación de As (V) es la especie más común, favorecida por las bajas condiciones de oxígeno disuelto, pH alcalino, potencial redox alto, y reducido contenido en materia orgánica, y la solubilidad del As es controlada por la formación de $Mn_3(AsO_4)$, $FeAsO_4$, y Ca (AsO_4). En contraste, las condiciones opuestas favorecen la presencia de As (III) y sulfuros de arsénico (Adriano, 2001).

Las formas inorgánicas de As en suelo presentan distinta solubilidad, siendo el arseniato sódico y el trióxido de arsénico las más solubles, mientras que los sulfuros, otros óxidos, y el arsénico ligado a hierro, manganeso y fosfatos minerales, presentan una menor solubilidad, y por tanto, una menor biodisponibilidad (Adriano, 2001).

En los suelos, los compuestos inorgánicos de As (III) son más móviles que los arseniatos por lo que pueden recorrer una mayor distancia tanto en vertical como en horizontal. Esta movilidad está esencialmente controlada por el potencial redox y el pH (Gálan Huertos, E., 2009, informe privado).

- **pH.**

El As tiende a estar más disponible a pH muy alcalino, es un elemento que puede estar en la disolución del suelo como anión soluble (Gálan Huertos, E., 2009, informe privado).

El efecto del pH sobre la adsorción del As varía considerablemente de unos suelos a otros. El efecto del pH sobre la adsorción del As (III) depende de la naturaleza de la superficie mineral. En suelos con bajo contenido en materia orgánica, incrementos de pH tenían pocos efectos en el aumento de As (V) adsorbido, mientras que en suelos con condiciones muy oxidantes, la adsorción de esta especie arsénica disminuye al aumentar el pH. En general, la adsorción del As (V) disminuye al aumentar el pH de forma contraria a la adsorción del As (III) que incrementa con aumentos de pH (Adriano, 2001).

El Eh y el pH son los parámetros que más controlan la especiación del As en las aguas subterráneas. Bajo pH y reducido Eh incrementan la movilidad del As, mientras que bajo condiciones fuertemente reductoras, la formación de minerales de sulfuro controla la concentración de este elemento (Kabata-Pendias, 2007).

- **Potencial Redox.**

En los suelos se encuentra normalmente bajo los estados de oxidación +3 y +5. El estado de oxidación predominante depende del potencial redox del medio. En medios oxidantes, con altas concentraciones de oxígeno, predomina el As (V), mientras que es el As (III) la forma más abundante en ambientes reductores. Hay que tener en cuenta, sin embargo, que tanto la reducción de As (V) a As (III) como la oxidación contraria son procesos lentos, por lo que es posible detectar As (V) en medios poco oxigenados y As (III) en medios oxidantes. El contenido en materia orgánica y los óxidos de hierro y aluminio también influyen en el estado de oxidación del arsénico (Martínez Sánchez & Pérez Sirvent, 2007).

Bohn (1976) calculó bajo qué condiciones de Eh y pH probablemente se encontraría, en la disolución de los suelos, el arsénico en forma inorgánica, como arseniato o arsenito. Bajo condiciones reductoras, están presentes iones complejos de sulfuros y arsénico, y el arsenito sería probablemente la forma predominante. El arsénico elemental y la arsina también pueden existir en medios fuertemente reductores. Sin embargo, el arseniato sería el estado de oxidación predominante o más estable en medios oxigenados, con el $H_2AsO_4^-$ predominando bajo condiciones ácidas y el $(HAsO_4)_2^-$ predominando bajo condiciones alcalinas (Carbonell et al., 1995).

Las especies de As (III) que predominan en condiciones reductoras son de 4 a 10 veces más solubles en suelos que el As (V). La alta solubilidad del As fue atribuida a la reducción del hierro (III) al hierro (II) con la consecuente disolución del arseniato férrico. Así, en suelos inundados, como los cultivos de arroz, las condiciones reductoras pueden dar lugar a la disolución de la fase sólida Fe-As con la consecuente reducción de arseniato a arsenito. La concentración de As (III) en la solución del suelo puede ser muy alta resultando fitotóxica. Además, Ferguson and Gavis (1972) predijeron que con altos valores de Eh, las especies pentavalentes (H_3AsO_4, $H_2AsO_4^-$, $HAsO_4^{2-}$ y AsO_4^{3-}) son más estables. A bajo Eh, se puede formar arsina (AsH_3) y volatilizarse (Adriano, 2001).

- **Óxidos de Manganeso y Hierro.**

La adsorción del As (V) y As (III) varía entre suelos y parece estar relacionada con el contenido en óxido del suelo. Además, se ha demostrado, que las superficies minerales de los amorfos de Al hidróxidos y filosilicatos, desempeñan un importante papel en la adsorción del As (III) en los suelos (Adriano, 2001). En general la mayor parte del arsénico de los suelos está adsorbido sobre compuestos amorfos de hierro y aluminio (Gálan Huertos, E., 2009, informe privado).

Los óxidos de hierro son una de las fases más comunes encontradas en suelo y sedimentos, bien como partículas discretas o como capas de otros minerales sólidos. Se han identificado como uno de los adsorbentes de arsénico más importantes en sistemas naturales. Los estudios con técnicas de extracción secuencial selectiva han confirmado una fuerte correlación del As con los oxihidroxidos de Fe y Al en suelos enriquecidos con Fe y Al (Wang et al., 2008).

Como el Fosforo, el As se adsorbe fuertemente a los amorfos de óxidos de Fe pero muestra menos afinidad por los óxidos de Al que el Fosforo.

Los óxidos de manganeso no son considerados como un sumidero importante de As en suelos, pero si pueden catalizar las transformaciones redox de este elemento en suelos tales como la oxidación de As (III) a As (V) (Wang et al., 2008).

$$MnO_2 + HAsO_2 + 2H^+ \rightleftarrows Mn^{2+} + H_3AsO_4$$

$$2Fe^{3+} + HAsO_2 + 2H_2O \rightleftarrows 2Fe^{2+} + H_3AsO_4 + 2H^+$$

Además, el As (V) puede ser inmovilizado por coprecipitación con hidruros de hierro u óxidos de manganeso (Cornelis et al., 2005).

El arsénico puede formar complejos mono o bidentados tanto en la forma III como en la V y todos con oxihidróxidos de Fe^{3+} (Savage et al., 2005).

- **Textura del suelo y minerales de la arcilla.**

La capacidad de adsorción de un suelo está afectada por su textura, contenido en sesquióxidos y por la presencia de otros elementos que puedan interferir en el proceso de adsorción. Las fracciones arena y limo muestran una capacidad de adsorción bastante reducida debido a la baja área superficial y a la predominancia de cuarzo, mientras que la arcilla es el principal adsorbente. Esta afirmación se basa en el hecho de que el arseniato, al igual que el fosfato, es adsorbido por minerales que poseen grupos hidroxilos libres, es decir, superficiales y disponibles, como es la caolinita y los óxidos de hierro y aluminio: siendo la montmorillonita y la Vermiculita los compuestos que presentan un mayor poder de adsorción (Carbonell et al., 1995).

El lavado del arsénico es particularmente significativo en suelos de baja capacidad adsortiva. En suelos arcillosos, el arsénico se mantendrá en complejos de hierro y aluminio, produciéndose la lixiviación de forma lenta y gradual (Carbonell et al., 1995).

Frost and Griffin (1977) encontraron que la montmorillonita fijaba más cantidad de As (V) y As (III) que la caolinita. La mayor adsorción de la Montmorillonita fue atribuida a su mayor área superficial que la caolinita. Otra posibilidad que explica la mayor retención de este mineral es el contenido en polímeros de hidróxidos de aluminio de la capa intermedia (Adriano, 2001).

Para explicar la adsorción llevada a cabo por las arcillas se han propuesto los siguientes mecanismos:

1.- Reemplazamiento de grupos OH^- por los aniones arseniato en la superficie de la arcilla, aumentando la fijación cuanto mayor sea la acidez y la capacidad de saturación de la misma.

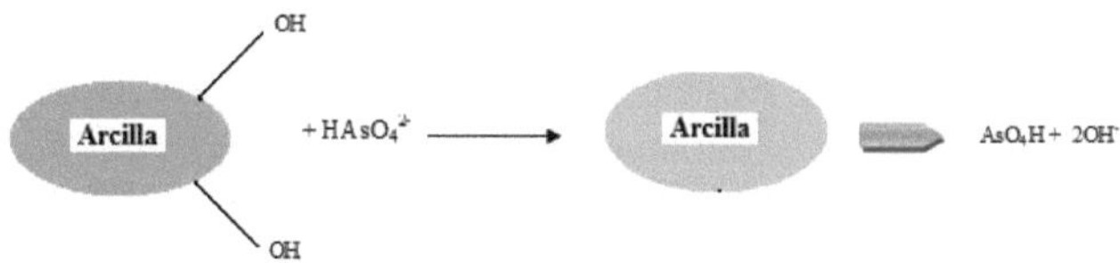

2.- Fijación a la arcilla por medio de cationes adsorbidos a ella, los cuales actúan como puente con los arseniatos. Los cationes más frecuentes son Ca^{2+}, Mg^{2+}, Al^{3+} y Fe^{3+}

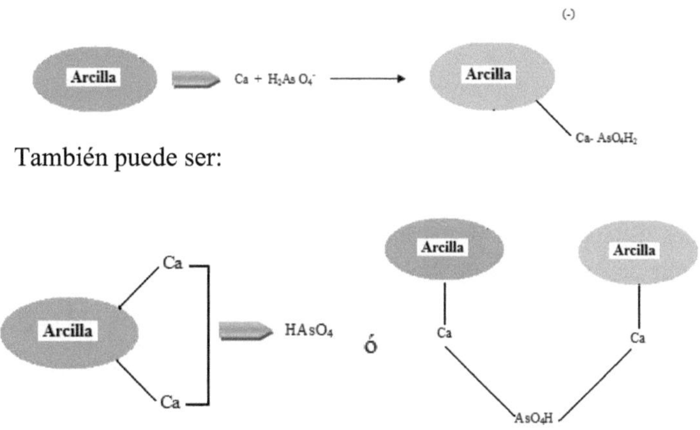

También puede ser:

Cuando una arcilla contiene calcio adsorbido el porcentaje de arseniato que, en teoría, se fija es superior sin llegar a alcanzar la precipitación del arseniato de calcio. Si la arcilla contiene Ca^{2+} y Fe^{3+} adsorbido, la fijación del anión arseniato se verificaría primero, probablemente, por intercambio del calcio.

3.- También puede ocurrir un bloqueo eventual de los iones arseniato adsorbidos sobre las superficies internas, atrapados entre sus unidades estructurales cuando la distancia entre éstas se reduce a valores inferiores a 10 Å. La hidratación de estas arcillas podría liberar iones arseniato. Las arcillas del tipo de la caolinita, en la que la distancia entre unidades estructurales es pequeña (de 3 a 7 Å) no presenta esa posibilidad, pero sí las del grupo de la montmorillonita, ya que sus unidades pueden comprimirse o expandirse según las condiciones de desecación y humectación del medio. Wauchope y McDowell (1984) indican que existen sedimentos con elevados contenidos de arcilla, los cuales debido a su ilimitada capacidad para adsorber fosfatos y arseniatos podrían funcionar o actuar a modo de “sumideros” de arseniato, es decir, serían como enormes almacenes de arsénico en los cuales el contaminante quedaría confinado de forma prácticamente irreversible (Adriano, 2001).

Adsorción sobre carbonatos.

La etapa inicial de este proceso de precipitación se considera que es un fenómeno de adsorción que depende de la extensión de la superficie expuesta por el $CaCO_3$ y por la concentración de arseniato en la disolución.

El carbonato cálcico se encuentra en los suelos a pH neutro o superior, y por tanto, es en este rango de pH en el que se produce la reacción con los arseniatos.

Se ha visto que los lugares reactivos para la adsorción en la calcita son los Ca^{2+} superficiales. Si suponemos que a un suelo rico en $CaCO_3$ le adicionamos una forma soluble de As puede ocurrir:

$$Ca\,(H_2AsO_4)_2 + 2CaCO_3 \leftrightarrow Ca_3(AsO_4)_2 + 2CO_2 \uparrow + 2H_2O$$

El compuesto formado es soluble, pero puede convertirse en compuestos más o menos insolubles. Si las condiciones del suelo lo permiten pueden transformarse en formas más insolubles. Esta retrogradación puede ocurrir incluso en suelos ácidos encalados (Carbonell et al., 1995).

Si el arseniato cálcico recibe aguas carbonatadas o bicarbonatadas, tienen lugar reacciones de disoluciones:

1) $Ca_3(AsO_4)_2(s) + 3HCO_3^-\,(aq) + OH^-\,(aq) \rightarrow 3CaCO_3(s) + 2HAsO_4^{2-}\,(aq) + H_2O\,(l)$

2) $Ca_3(AsO_4)_2(s) + 3CO_3^{2-}\,(aq) \rightarrow 3CaCO_3(s) + 2AsO_4^{3-}\,(aq)$

- **Adsorción sobre materia orgánica.**

La materia orgánica del suelo presenta más cargas negativas que positivas. Las funciones ácido permiten que las moléculas orgánicas puedan ser adsorbidas por interacciones iónicas o por iones ión-dipolo.

El carácter ácido del humus origina combinaciones cálcicas, las cuales ejercen una influencia en la fijación del arseniato que en este estado puede considerarse como fácilmente disponible (Adriano, 2001).

Por otro lado, cuando el humus se fija en la arcilla puede desplazar a los compuestos que están adsorbidos sobre ella provocando una solubilización del As.

Es evidente que la relación entre la cantidad de arseniato en los sitios de intercambio y en la disolución del suelo expresa la capacidad de ese suelo para proveer As a las plantas; por ello, en suelos con baja capacidad de adsorción, la concentración en la disolución del suelo decrecerá rápidamente, aunque hubiera sido alta originalmente; cuando las plantas crecen en este suelo, mientras que no ocurrirá cambio sustancial cuando exista un "pool lábil" de tamaño considerable (Merry, 1987).

Según Cornu et al., en 1999, la presencia de materia orgánica aumenta significativamente la adsorción de arseniato (Roussel et al., 2000).

➢ ARSÉNICO EN AGUA.

Las concentraciones del arsénico en agua dulce varían en cuatro órdenes de magnitud, dependiendo de la fuente de arsénico, de la cantidad disponible y del ambiente geoquímico local (Cornelis et al., 2005). Bajo condiciones naturales, las concentraciones más altas de arsénico se encuentran en aguas subterráneas como resultado de la fuerte influencia de las interacciones del agua-roca y de las condiciones físicas y geoquímicas favorables para la movilización y acumulación del arsénico. El agua de bebida, especialmente el agua subterránea, es la mayor fuente de arsénico en muchos alimentos y por lo visto, las cantidades traza de este elemento son esenciales para la buena salud de los seres humanos. Se pueden observar distintas variaciones estacionales en la concentración de arsénico. El rango de concentración para las aguas subterráneas es de <0.5 a 10 μgL^{-1}. Se han encontrado concentraciones de hasta 370 μgL^{-1} en Wyoming y Montana como resultado de las entradas geotérmicas del sistema geotérmico de Yellowstone. Los pozos de áreas contaminadas en Bangladesh o Taiwan, demuestran en algunos casos una concentración creciente de arsénico de hasta 2500μgL^{-1} y en Argentina concentraciones de más de 7800 μgL^{-1}. En agua de mar y sedimentos marinos las concentraciones de As total se encuentran en el intervalo 1-2 μgL^{-1} y 3-15 μgL^{-1}, respectivamente. El valor medio de arsénico en agua de mar es alrededor de 2 μgL^{-1}, mientras que en agua dulce se puede observar una variación más amplia de 0.4-8.0 μgL^{-1} (Cornelis et al., 2005).

Las aguas superficiales tienen altos valores de pH y alcalinidad y muestran, a menudo, concentraciones naturales de arsénico en un rango entre 190 y 21.800 μgL^{-1}.

También ocurren aumentos significativos en la concentración de arsénico de agua de río como resultado de la contaminación de efluentes industriales o de aguas residuales de residuos mineros (Cornelis et al., 2005).

El potencial redox y el pH son los factores más importantes que controlan la especiación de arsénico en sistemas acuosos (Selinus et al., 2005). El arseniato predomina generalmente bajo condiciones oxidantes, son las especies del As (V): ($H_2AsO_4^-$, $HAsO_4^{2-}$ y AsO_4^{3-}), es el prevalente en aguas superficiales aerobias, mientras que el arsenito ($H_3AsO^0_3$ y $H_2AsO_3^-$) predomina cuando las condiciones llegan a ser suficientemente reductoras, es el prevalente en aguas subterráneas anaerobias (Cornelis et al., 2005; Cheng et al., 2009; Drahota et al., 2009).

El arseniato es principalmente estable como $HAsO_4^{2-}$ y $H_2AsO_4^-$ para el rango de pH del agua de mar. El arsenito es estable como neutro H_3AsO_3, esta forma química es más difícil de eliminar de las fuentes de agua potable que el arseniato dado que esta presenta a valores de pH neutro (Cheng et al., 2009). Las formas arsénicas orgánicas se pueden producir en las aguas superficiales, sobre todo, por actividad biológica (ej. como resultado de reacciones de metilación por el fitoplancton) pero rara vez, son cuantitativamente importantes. Sin embargo, pueden existir formas orgánicas en aguas afectadas por contaminación industrial o actividades agrícolas.

Según cálculos termodinámicos y resultados experimentales (Figura 1.6) indicaron que valores altos de potencial redox (PE + pH > 10), el arseniato es la especie arsénica predominante mientras que un potencial redox reducido o moderado y bajo condiciones reductoras (PE +pH< 8), el arsenito es la forma de arsénico más abundante (Cheng et al., 2009).

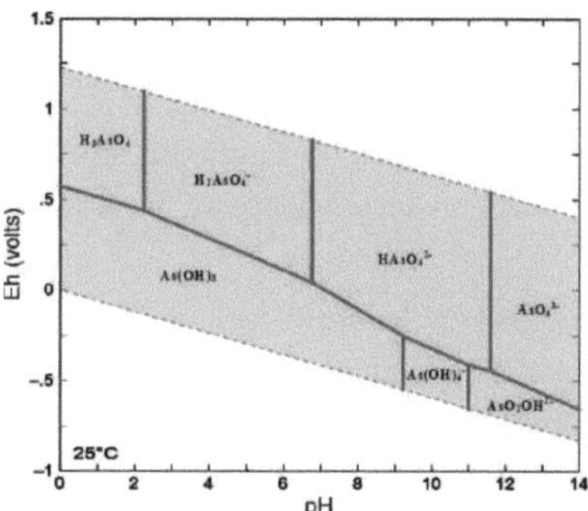

Figura 1.6.- Diagrama Eh-pH para la especiación de arsénico (Cheng et al., 2009).

En condiciones extremadamente ácidas, el $H_3AsO_4^{o}$ en importante mientras que el AsO_4^{3-} puede estar presente en condiciones alcalinas. Bajo condiciones reductoras donde el pH está por debajo de 9.2, predomina la especie de arsenito $H_3AsO_3^{o}$. El arsénico original puede estar presente bajo condiciones extremadamente reductoras (Selinus et al., 2005).

La presencia de sulfuro y condiciones reductoras permiten la precipitación de As_2S_3 en, lagos, ríos y sedimentos marinos. La formación de sulfuros en un ambiente reductor acompaña la reducción del As (V) a As (III) (Cornelis et al., 2005).

La EPA (Environmental Protection Agency) estableció en 1975 que el límite de concentración máxima de arsénico en agua de bebida se debía establecer en 50 μgL^{-1}. En el año 2000 la EPA propuso un nuevo valor para el agua de consumo de 5 μgL^{-1} y fue en 2001 cuando se establece que el nuevo límite para el arsénico en agua para beber debe estar en 10 μgL^{-1} para proteger a los consumidores de los efectos en exposiciones a largo plazo y crónicas. Todas estas precisiones ilustran bien la evolución reciente de la toxicología del arsénico y la imposibilidad actual de sacar conclusiones definitivas (Gálan Huertos, E., 2009, informe privado).

➢ ARSÉNICO EN LA ATMÓSFERA.

Las emisiones a la atmósfera consisten fundamentalmente en trióxido de arsénico en forma de partículas, debido a fenómenos naturales como el desgaste por acción atmosférica, actividades biológicas y actividades volcánicas o antropogénicas como las operaciones de fundición, combustión de fósiles, uso de pesticidas, etc. Su deposición posterior depende de su tamaño y densidad.

También puede introducirse en la atmósfera en forma volátil, como la arsina producida en los procesos de decapado ácido o de purificación de disoluciones por cementación con otros elementos (Cornelis et al., 2005).

La volatilidad relativamente alta de algunos compuestos de arsénico (tanto de origen natural como antropogénico) significa que el ciclo geoquímico contiene flujos significativos a través de la atmósfera. Las especies desnaturalizadas y los hidruros volátiles también proceden de plantas de tratamiento de aguas residuales y de zonas de acumulación de basura (Cornelis et al., 2005).

Las entradas estimadas en la atmósfera procedentes de actividades industriales, 780.108 g/año, son elevadas si las comparamos con los procedentes de la minería, 460. 108 g/año o con el arsénico contenido en el polvo volcánico o continental, 28108 g/año (Carbonell et al., 1995).

En el aire la cantidad máxima permitida de arsénico es de 0.01 $\mu g\ m^{-3}$. La mayor parte de arsénico en la atmósfera se halla como As_2O_3 en partículas en suspensión. La Organización Mundial de la Salud ha señalado que las concentraciones de arsénico atmosférico pueden llegar hasta 0.18 $\mu g\ m^{-3}$ en áreas urbanas y superar 1 $\mu g\ m^{-3}$ en los núcleos industriales (Gálan Huertos, E., 2009, informe privado).

La Directiva 2004/07/EC fija la concentración máxima (en un año) de As en aire ambiente en 6 ngm^{-3} con objeto de evitar, prevenir o reducir los efectos perjudiciales en la salud humana y el medio ambiente en su conjunto (Gálan Huertos, E., 2009, informe privado).

➤ ARSÉNICO EN PLANTAS.

Aunque muy bajas concentraciones de arsénico estimulan el crecimiento de la planta, éste no es esencial para su crecimiento y los rendimientos del cultivo disminuyen a altas concentraciones. No obstante, se han podido observar pequeños aumentos en la producción de cosechas de especies tolerantes, como el maíz, la patata, el centeno o el trigo tras la adición de pequeñas cantidades de As. Existen dos posibilidades que pueden explicar este estimulo del crecimiento por adición de As, primero; la adición de pesticidas como el 2,4-D que estimula el crecimiento vegetal en niveles subletales, segundo; la dislocación de los iones del fosfato del suelo por la adición de iones del arseniato conlleva a un aumento en la movilidad del fosforo (Adriano, 2001).

El arsénico se encuentra de forma natural en las plantas, pero las concentraciones en los tejidos vegetales rara vez supera 1 mg kg^{-1} (Adriano, 2001). La concentración de arsénico en las partes comestibles de la planta es generalmente baja, se establece en 2 mg kg^{-1} (Gulz et al., 2005). Se ha podido observar algunas especies de plantas como *Holcus lanatus*, *Calluna vulgaris* y *Silene vulgaris* que pueden resistir excesivas cantidades de arsénico (Kabata-Pendias, 2007).

El límite para el contenido de arsénico en frutos, cultivos y vegetales es de 2,6 mg As/kg en peso fresco (Selinus et al., 2005).

La acumulación de arsénico en las plantas puede estar afectada por muchos factores, incluyendo las especies de plantas, el tipo de compuestos utilizados, los métodos de aplicación, las condiciones del suelo y la aplicación de fertilizantes. Es raro que la acumulación de arsénico en las plantas alcance niveles perjudiciales para los seres vivos, porque invariablemente el crecimiento es reducido antes de que el contenido alcance niveles tóxicos (Carbonell et al., 1995).

La fitotoxicidad del arsénico viene determinada por la forma química presente en el suelo. El arsenito es más fitotóxico que el arseniato y ambos son mucho más fitotóxicos que el metanoarsoniato monosódico (MSMA) y el ácido cacodílico (CA) (Carbonell et al., 1995).

La fitotoxicidad de los residuos de arsénico está influenciada más por las formas químicas que presenten que por su cantidad. Es raro que la disminución de una cosecha pueda ser correlacionada con el arsénico total del suelo. Los diferentes compuestos varían en su disponibilidad y por tanto, en su toxicidad; siendo el arsénico soluble en agua más fitotóxico que otros más fuertemente enlazados (Carbonell et al., 1995).

La textura del suelo es un factor importante en la determinación de la fitotoxicidad del arsénico dado que en suelos con textura fina no se producen los efectos tóxicos en las plantas que los ocurridos en suelos de textura gruesa.

Otro factor a tener en cuenta es el potencial redox (Eh) del suelo. Su efecto se demuestra, por ejemplo, en el caso del cultivo de arroz, donde las condiciones reductoras bajo las cuales crece pueden hacer más disponible al arsénico, o pueden reducir el arseniato a arsenito, que es una forma más tóxica (Carbonell et al., 1995).

Las plantas pueden absorber arsénico del suelo o de la materia particulada depositada en sus hojas. Sin embargo, los experimentos realizados en cultivos sobre suelos fuertemente contaminados por arsénico han puesto de relieve que el grado de absorción es bajo. La principal ruta para la incorporación de compuestos arsénicos inorgánicos es a través de las raíces, mientras que los componentes orgánicos entran en la planta por la absorción de las hojas o la corteza. La absorción de las formas orgánicas de arsénico es muy superior a la absorción de las inorgánicas (Kabata-Pendias, 2001).

Las plantas absorben el arsénico principalmente como arseniato que es la forma predominante en suelos aerobios (Gunes et al., 2009).

Tanto el arsenito como el arseniato se acumulan en tejidos vivos debido a su afinidad por las proteínas, lípidos y otros compuestos celulares (Cornelis et al., 2005).

En raíces, todos los aniones son fuertemente adsorbidos a la superficie de la membrana, posteriormente sigue una conducción metabólica, una transferencia selectiva al simplasto y por último son transportados a la parte superior de la planta (Meharg y Macnair, 1990). En particular la adsorción del arsenito y del arseniato en la superficie radicular externa es bastante rápida e intensa, obteniéndose de esta forma concentraciones muy altas de arsénico en las raíces de plantas que se desarrollan en cultivo hidropónico (Wauchope, 1983).

La velocidad del proceso de adsorción-absorción sigue el siguiente orden, de mayor a menor: arseniato, arsenito y compuestos orgánicos, en plantas de soja (Wauchope, 1983). Existe una serie de antecedentes que indican que el arseniato compite con el fosfato como substrato en su sistema de toma, en una amplia variedad de especies: angiospermas, musgos, líquenes, hongos y bacterias (Meharg y Macnair, 1990).

Se encontró que el fosfato es un poderoso inhibidor de la toma de arseniato lo que indica que ambos iones son transportados por el mismo mecanismo (el cual tiene una mayor afinidad por el fosfato que por el arseniato) (Carbonell et al., 1995).

Un tema importante al considerar la posible competencia en la toma de nutrientes desde la disolución del suelo, entre el As y distintos compuestos del suelo, es el de la **fertilización**. La adición de nutrientes al suelo puede causar competencia entre los elementos por los sitios de fijación y por la toma de las raíces. La adición de fertilizantes puede afectar significativamente a la disponibilidad del arsénico del suelo: si tenemos niveles altos de As la adición de N y P o N, P y K aumenta la disponibilidad de As. Los niveles son significativamente reducidos por la adición de carbonato de calcio. Se concluye que la adición de nitrato amónico y dihidrógeno fosfato de calcio es el mejor tratamiento de fertilización, ya que da los niveles de arsénico disponibles más bajos, los menores residuos de arsénico y los menores efectos en el crecimiento de la planta, indiferentemente del tratamiento de arsénico.

Según Woolson, en 1972, el fósforo es el material fertilizante que más influencia tiene en la toxicidad de arsénico. La toma del arseniato, pero no del arsenito, está afectada por el fosfato. Esto se debe al hecho de que el arseniato y el fosfato son químicamente similares y compiten por los mismos sitios en los suelos y en los sistemas de transporte. El fósforo ha sido usado para reducir la toxicidad del arsénico, habiendo notado diversos autores una disminución en la toxicidad al aumentar los niveles de fósforo en una amplia variedad de cultivos.

Existe una gran controversia sobre el efecto que produce la adición de fósforo sobre la toma o absorción de arsénico. A niveles de arsénico comparables a los del suelo, la adición de fósforo ha aumentado significativamente el contenido de arsénico en la planta, en contraste, sin embargo, el efecto de arsénico sobre el fósforo no fue consistente. La cantidad de fósforo en la disolución del suelo parece gobernar la toma de arsénico en la planta, porque cuando el fósforo en la disolución es alto, la absorción de arsénico se reduce (Carbonell et al., 1995).

Una vez el arsénico ya ha sido absorbido por la planta, los compuestos de dicho elemento (particularmente como arsénico pentavalente), fluyen a través de la planta en pocas horas (Wauchope, 1983), moviéndose tanto simplástica (transporte activo de citoplasma a citoplasma) como apoplásticamente (transporte extracelular).

Los pasos a seguir por los citados compuestos cuando son absorbidos por la raíz son:

raíz → xilema → hojas → floema, hojas → floema → raíces, parte aérea, xilema.

El transporte de arsenito desde las raíces está limitado por su alta toxicidad para las membranas radiculares (Wauchope, 1983). El arseniato es más rápidamente adsorbido y translocado, debido a su menor toxicidad para las raíces. De tal forma, que si se trabaja con cantidades no letales de este último compuesto, se pueden observar concentraciones similares tanto en hojas como en raíces.

Existen diferencias en la toma de arsénico y en la variación de las concentraciones en planta según las especies vegetales. Hay también una diferencia en la toma entre cultivos de invierno y de verano, incluso con los mismos niveles de arsénico disponibles. Una explicación que se ha sugerido es que el frío y la humedad del invierno hacen que la transpiración y absorción de agua y arsénico sea mucho menor que la que se da en cultivos de verano (Carbonell et al., 1995).

El arsenito es tan tóxico que simplemente destruye todos los tejidos con los que entra en contacto, probablemente por reacción con los grupos sulfhidrílicos de las proteínas (Wauchope, 1983; Gunes et al., 2009), causando degradación de membranas disrupción de las funciones de la raíz e incluso muerte celular y rápida necrosis si el contacto ha sido foliar (Wauchope, 1983). La acción del arseniato es, sin embargo, más sutil y delicada. Se conoce que desacopla la fosforilación en la mitocondria (Wauchope, 1983), inhibe la absorción foliar de otros elementos químicos, y tiene un profundo efecto en los sistemas enzimáticos.

Sin embargo, las respuestas bioquímicas de la planta ante el estrés provocado por la exposición al arsénico no han sido suficientemente estudiados (Gunes et al., 2009).

Se conoce un número limitado de plantas y algas que acumulan una cantidad significativamente alta de arsénico y se correlacionan de forma directa con la concentración de As de áreas circundantes. Estas plantas pueden ser usadas para la fitorremediación de áreas contaminadas o para biomonitoreo de contaminación por arsénico (Cornelis et al., 2005).

➢ <u>ARSÉNICO EN ORGANISMOS ACUÁTICOS.</u>

El arsénico experimenta bioconcentración en organismos acuáticos, sobre todo algas e invertebrados inferiores. No se ha demostrado, sin embargo, que posea tendencia a la biomagnificación en la cadena trófica (Martínez Sánchez & Pérez Sirvent, 2007). Los organismos marinos son capaces de bioacumular arsénico hasta concentraciones de 1-100 μg/g (Edmonds et al., 2003). La especie predominante en peces, moluscos y crustáceos es la arsenobetaína (AB) que supone, habitualmente, el 80 % del arsénico total (Ackley et al., 1999; Maher, 1999), mientras que en algas las especies predominantes son los arsenoazúcares (McSheehy et al., 2002).

La capacidad de los organismos acuáticos de transformar el arsénico inorgánico en complejos organoarsenciales parece ser conservada a lo largo de la cadena alimentaria. El pescado conserva hasta un 99% en forma orgánica (Cornelis et al., 2005).

En general, las especies organoarsenicales en plantas acuáticas se encuentran principalmente como compuestos de dimetilarsenico. La concentración de organoarsenicales es generalmente más baja en pescado de agua dulce. La arsenobetaina y la arsenocolina se encuentran como productos de animales marinos y setas. Después de su aislamiento en 1977, la arsenobetaina fue reconocida como el componente arsénico más abundante en gambas marinas, la arsenocolina fue encontrada en concentraciones significativas en estos organismos. El oxido de trimetilársenico fue encontrado como componente minoritario. En los tejidos biológicos se han identificado más de 25 especies de arsénico (Cornelis et al., 2005).

Actualmente, hay varios métodos de investigación para la remediación de suelos contaminados, pero la mayoría de ellos son costosos, necesitan mucho tiempo y son arriesgados. Recientemente el uso de plantas, que acumulan arsénico en alta cantidad (hiperacumuladoras), están siendo investigadas para la aplicación en la fitorremediación de suelos contaminados (Cornelis et al., 2005).

➢ ARSÉNICO EN SERES HUMANOS.

De acuerdo con el camino metabólico propuesto para seres humanos, la metilación de arsénico supone una reducción de As (V) a As (III) seguido de una adición oxidativa de un grupo metilo al arsénico según el esquema que aparece en la Figura 1.7. Se cree que, en el ser humano, la glutationa actúa como agente reductor y S-adenosilmetiona (SAM) como agente dado (Briceño, 2008). La presencia de concentraciones de los metabolitos ácido monometilasónico (MA) y ácido dimetilarsínico (DMA) en orina humana constituye una evidencia de este camino metabólico (Le et al., 1994). Se admite que la metilación de las formas inorgánicas de arsénico es un proceso de destoxificación, ya que en general, al aumentar el carácter orgánico de las formas de arsénico disminuye la toxicidad como podemos comprobar en la Tabla 1.8. Como puede apreciarse MA y DMA muestran una toxicidad intermedia, mientras que las especies trimetiladas como TMAO, AC, y AB se consideran no tóxicas.

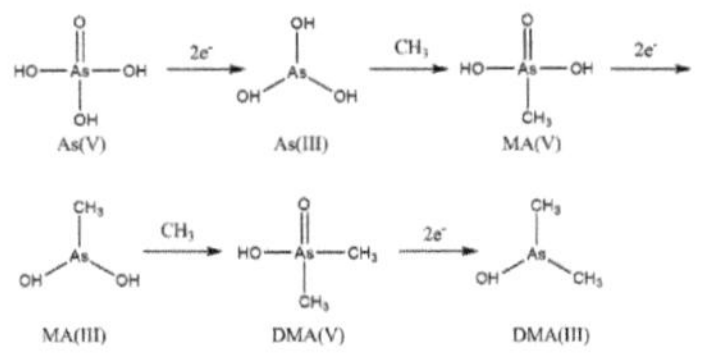

Figura 1.7.- Posible camino metabólico del arsénico inorgánico en el cuerpo humano.

En el ser humano se considera que una dosis oral de arsénico inorgánico diaria segura es de 0.3 μg/kg sin que se produzcan efectos adversos para la salud. Esta dosis se ha calculado suponiendo una ingesta de 2 μg de As al día como consecuencia de los alimentos y el consumo de 4.5 L de agua al día (EPA, 1993). La mayor ingesta de arsénico en el ser humano a través de la dieta proviene del consumo de productos marinos, principalmente pescado, lo que supone el 90% de arsénico consumido. Sin embargo, menos del 3 % de este As está presente en forma inorgánica (arsenito o arseniato) (Briceño, 2008).

En 2003 la Unión Europea estableció que el máximo contenido total en arsénico total tanto en productos alimenticios derivados del pescado como de animales de pelo es de 6 μg/g. La directiva reconoce la diferente toxicidad de las formas de arsénico y hace un llamamiento al desarrollo de métodos analíticos que pueden distinguir entre arsénico inorgánico y arsénico orgánico ya que puede, en muchas ocasiones, superase esos niveles de As total y sin embargo, encontrarnos mayoritariamente con formas químicas de arsénico no tóxicas (Sloth et al., 2005).

El arsénico se distribuye por todo el organismo: hígado, riñones, bazo, piel, músculos, tejido óseo, tejido nervioso, útero, etc. Ahora bien, las características toxicológicas varían mucho de una especie de arsénico a otra.

El arsénico mineral ingerido sufre una metilación transformándose en ácido monometilarsónico y dimetilarsínico, los cuales se excretan con la orina. La metilación progresiva del arsénico mineral constituye pues una detoxificación puesto que el ácido dimetilarsínico es 25 veces menos tóxico que el As (III). Sin embargo, si se ingieren grandes cantidades de arsénico mineral, las posibilidades de metilación pueden ser desbordadas, con lo cual existe un mayor riesgo de toxicidad. Mientras que el arseniato se excreta rápidamente en la orina y aparentemente no se acumula en los tejidos, el arsenito se acumula uniéndose a las proteínas tisulares en el hígado, músculos, pelo, uñas y piel y, sobre todo, en los leucocitos, con lo cual se producen alteraciones en varios sistemas enzimáticos, excretándose posteriormente a través de la bilis. Por otra parte, los compuestos organoarsenicales, monometilarsónico, dimetilarsínico y la arsenobetaína, se excretan tal como son ingeridos y no son retenidos por el organismo (Cervera, 1990).

Tabla 1.8.- LD50 (µg/g) para algunas formas de arsénico en ratones.

Compuestos de Arsénico	**LD $_{50}$**
Arsenito (As (III))	15-42
Arseniato (As (V))	20-800
Metilarsenato (MA)	700-1800
Dimetilarsenato (DMA)	1200-2600
Óxido de trimetilarsina (TMAO)	10600
Ion tetrametilarsonio (TETRA)	890
Arsenololina (AS)	6500
Arsenobetaína (AB)	> 10000

1.3.2.- Determinación de Arsénico.

El análisis químico de los elementos traza de un suelo es una medida poco representativa de la peligrosidad de los posibles contaminantes. Indica en todo caso la peligrosidad potencial o futura, pero no la actual de los elementos determinados, siempre con referencia a ciertos valores acordados previamente, que no deben ser superados. Por ello, además de este análisis, se debe disponer de datos sobre cómo se encuentra el arsénico tanto en sus formas físicas como química, y las fracciones asimilables, que es una medida directa de la peligrosidad real (Gálan Huertos, E., 2009, informe privado).

Son muy numerosos los estudios en los que se muestra que el valor total de As no nos da información acerca de la naturaleza, movilidad y toxicidad de este elemento (Anawar et al., 2008).

La fracción extraíble de arsénico puede ser el mejor indicador para determinar su biodisponibilidad y movilidad en el suelo. Por lo general, el arsénico total no refleja fielmente su fitodisponibilidad. De hecho, se ha demostrado que la correlación entre el arsénico extraíble y el crecimiento vegetal es mejor que si se correlaciona con el arsénico total (Anawar et al., 2008).

La relación directa entre las diferentes formas químicas del arsénico extraíble del suelo con el arsénico extraído de la planta rara vez da información para determinar el mejor método de extracción química y las diferentes formas de arsénico en el suelo que indican la solubilidad y biodisponibilidad del arsénico para la planta. Por tanto, es necesario desarrollar una técnica analítica para evaluar las especies de arsénico en las fracciones más solubles y movilizables que son las más biodisponibles.

Los métodos químicos disponibles, para extraer el arsénico de las distintas fracciones del suelo, son variados (Kabata-Pendias, 2004), pero su capacidad para cuantificar la cantidad de arsénico disponible, en el suelo de mina para la planta, sigue siendo desconocida.

El estudio de la especiación para identificar el estado, fases o formas en que se encuentra un determinado elemento es necesario para realizar una adecuada evaluación de los riesgos de movilización de elementos en distintas situaciones medioambientales.

Uno de los métodos empleados para tal fin es la extracción química selectiva (simple y/o secuencial) que, en general, nos permite diferenciar los elementos de una muestra en cinco fracciones (en orden creciente de movilización al medio):

- Fracción intercambiable (elementos adsorbidos en las partículas).

- Fracción carbonatada (elementos asociados a los carbonatos).

- Fracción ligada a óxidos de Fe y Mn.

- Fracción ligada a M.O. y sulfuros.

- Fracción residual (solamente disponible por erosión).

Se pueden realizar otras extracciones más específicas para evaluar la asimilación de elementos por las plantas, riesgo de ingestión directa de polvo, etc.

A la hora de realizar un estudio de movilidad y biodisponibilidad de elementos en una determinada zona hay que escoger el procedimiento adecuado ya que de lo contrario puede tener graves consecuencias de diagnóstico y evaluación de impacto ambiental.

Aunque las extracciones selectivas son ampliamente usadas, no está demostrado que sean la mejor metodología que se pueda utilizar. La especificidad y reproducibilidad del método dependen de las propiedades químicas del elemento, de la composición química de las muestras y de otros factores. Las críticas al método de extracciones selectivas se basan principalmente en la selectividad de los extractantes y la redistribución de los elementos en la matriz de la muestra.

Aplicaciones de extracciones selectivas.

Uno de los principales usos de las extracciones selectivas es la evaluación de la biodisponibilidad de los contaminantes en suelos y sedimentos. Surge entonces la pregunta de si el empleo de estas ofrece buenos resultados a la hora de establecer la movilidad del contaminante y las rutas de entrada a los organismos. Algunos de los extractantes no simulan ni pueden imitar la entrada del contaminante a la planta, ya que no todos los extractantes son adecuados para todos los tipos de suelos y plantas. Se ha de considerar también que las concentraciones de elemento y su especiación en el medio ambiente dependen de la presencia de microorganismos capaces de acumular elementos y que normalmente no se tienen en cuenta en estos modelos.

Por tanto, las extracciones selectivas se emplean para conocer la distribución de las distintas formas en que puede presentarse un elemento en el suelo o sedimento, esto es la especiación del mismo.

A pesar de los fallos que puedan presentar, el empleo de las extracciones selectivas es adecuado a la hora de establecer los límites en las concentraciones de elementos traza en suelos y sedimentos ya que el hacerlo en base a las concentraciones totales de los mismos supone considerar que todas las formas en las que se encuentra el elemento en suelo son igualmente tóxicas y producen el mismo impacto sobre el medio ambiente, lo cual no es cierto. Por tanto, sería más correcto, establecer el límite máximo de un elemento permitido en un suelo en función de la fracción biodisponible o lixiviable que, en función de la concentración total, siempre teniendo en cuenta las características del suelo y las condiciones del medio.

El mayor riesgo que presenta el arsénico está asociado con las formas del mismo que están biológicamente disponibles por absorción o "biodisponibilidad" para las plantas. La biodisponibilidad es una función de la abundancia, la forma química (por ej: estado de oxidación), y la naturaleza de los enlaces de las partículas del suelo (Newman y Jagoe, 1994). Es esencial determinar esta forma de arsénico en suelos para evaluar el riesgo potencial para la salud y las estrategias adecuadas de eliminación de residuos, evaluación y gestión del riesgo medioambiental y seguridad.

Los elevados niveles de arsénico biodisponible en los suelos mineros, áreas agrícolas y hábitats humanos pueden ser potencialmente tóxicos para la salud humana, las platas y microbios. Por eso, es tan importante determinar los métodos químicos adecuados de extracción de arsénico en suelos para estimar la disponibilidad de este elemento, en plantas de suelos mineros y proteger los ecosistemas agrícolas y el medio ambiente, mediante la evaluación del riesgo medioambiental y la implantación de medidas correctoras (Anawar et al., 2008).

La fitotoxicidad y biodisponibilidad del arsénico en plantas de suelos afectados por la actividad minera rara vez han sido estudiadas. Por tanto, es deseable encontrar un método para estimar la cantidad de arsénico biodisponible presente en estos suelos y correlacionar este valor con el arsénico total en la planta.

En el capítulo referente a la metodología se describen las extracciones realizadas para el análisis del arsénico.

Metodología para la determinación de Arsénico.

Existen dos posibles vías para analizar el contenido en arsénico total en muestras de suelos y sedimentos:

- Técnicas que no requieren la disolución previa de la muestra. Consiste en la aplicación de las técnicas de espectroscopía de fluorescencia de rayos X (XRF) y el análisis por activación neutrónica (INAA). Sin embargo, el límite de detección para el arsénico por FRX es del orden de 5 mg kg^{-1}, lo cual es demasiado alto para muchos fines medioambientales. El límite de detección por INAA es de 0.5 mg kg^{-1} aunque se trata de un equipo muy especializado y costoso.

- Métodos espectroscópicos que requieren la digestión previa de la muestra. Los métodos basados en la generación de hidruros (GH) combinada con la espectroscopía de absorción atómica (AAS) y la espectroscopía de fluorescencia atómica (AFS) actualmente se usan para determinaciones rutinarias de arsénico debido a su sensibilidad y reproducibilidad. El uso de HG-AFS se está incrementado debido a su relativo bajo coste. La espectrometría convencional por ICP-MS tiene una gran sensibilidad, pero sufre serias interferencias. El método del dietil-dicarbamato sódico (SDDC) es un método colorimétrico ampliamente usado en países en vías de desarrollo ya que se requiere una instrumentación sencilla y su coste no es elevado, aunque su límite de detección es superior a los anteriores (Gálan Huertos, E., 2009, informe privado).

2.- ZONA CRÍTICA MINERA ABANDONADA: SIERRA MINERA DE CARTAGENA-LA UNIÓN.

La Comunidad Autónoma de la Región de Murcia cuenta con un importante pasado minero debido a la riqueza mineral existente en su subsuelo. Los restos de estas actividades mineras se evidencian en el Distrito Minero abandonado de Cartagena-La Unión, el cual se caracteriza por haber sido explotado desde épocas prerromanas, por distintas civilizaciones (íberos, griegos, fenicios, cartagineses, romanos, visigodos, musulmanes y cristianos).

La Sierra Minera es una sierra costera, que limita al Sur con el Mar Mediterráneo y al Norte con el Campo de Cartagena y el Mar Menor. Queda incluida en los términos municipales de Cartagena y La Unión (Figura 2.1). Los núcleos urbanos desarrollados en este ámbito geográfico son de Este a Oeste: Cabo de Palos, Los Belones, El Estrecho, Llano del Beal, Portmán, La Unión, Escombreras y Cartagena.

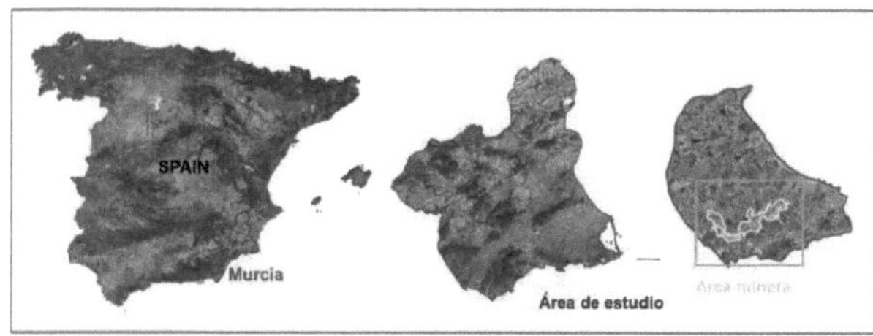

Figura 2.1.- Localización de la Sierra Minera de Cartagena-La Unión.

La Sierra Minera de Cartagena-La Unión, constituye el extremo suroriental de la Cordillera Bética y uno de los distritos mineros más importantes de España y de la Región de Murcia por sus yacimientos minerales de Fe-Pb y Zn (López, 1992; Manteca y Ovejero, 1992). Las actividades extractivas se iniciaron hace 2.500 años. Tuvieron su época de esplendor durante los siglos XIX y XX.

Se pueden distinguir dos etapas en esta última fase de la actividad; en primer lugar, una etapa de desarrollo y agotamiento del proceso entre los años 1842 y 1950, que a su vez supuso un importante impacto demográfico en la zona y el desarrollo de infraestructuras como redes viarias, ferrocarril y el acondicionamiento de los fondeaderos de Cartagena, Escombreras y Portmán (Navarro, 2004). Entre los años 50 y 90 se produce una nueva etapa de recuperación con el desarrollo de nuevas bases tecnológicas, tras la cual, cesa la actividad. De la Sierra Minera de La Unión se obtenían hasta 1991 minerales de plomo, plata, cinc y otros contenidos en las piritas, que suponían una aportación a la producción nacional del 40% de plomo, el 60% de plata, el 12% de cinc y 130.000 t/año de piritas (Dirección General del Medio Natural, Región de Murcia, 1998).

De la importancia de los yacimientos minerales del distrito minero de Cartagena-La Unión existen estimaciones orientativas (Manteca y Ovejero, 1992) de la magnitud original de los yacimientos contenidos, en base a criterios geológicos, apoyados en la abundantísima información minera, en los datos estadísticos de producciones, etc. (Tabla 2.1). Según tales estimaciones, la cuantía original de estos depósitos minerales en sus diversos tipos, estratiformes o mantos, filones, diseminaciones y stockworks, monteras o gossan, superaría los 240 millones de toneladas de mineral bruto, con un contenido en elementos del orden de 64 millones de toneladas de Fe, 3.2 M.t. de Pb, 3.8 M.t. de Zn, y 4.000 toneladas de Ag, cifras que los destacan netamente de otros distritos mineros (Martínez Sánchez y Pérez Sirvent, 2008).

Siendo evidente su importancia como acumulación de elementos traza, en cambio a nivel de leyes o contenido metálico relativo se le puede considerar como un distrito pobre, casi marginal, con las excepciones muy localizadas de ciertos enclaves o filones, como el caso del Cabezo Rajao. Ello explica en buena medida el carácter cíclico y discontinuo de la actividad minera en la zona. Las mayores minas de la Sierra de Cartagena, en cuanto a su tonelaje de mineral, pueden observarse en la Tabla 2.2 (según los datos de Peñarroya-España) (Martínez Sánchez y Pérez Sirvent, 2008).

Tabla 2.1.- Acumulación de elementos en el distrito minero de La Unión: ensayo de cuantificación, según Manteca y Ovejero (1992).

Yacimientos de la Sierra de Cartagena	**Tonelaje mineral (Kt)**	**Elemento contenido (Kt)**			
		Fe	**Pb**	**Zn**	**Ag**
Mineral explotado en época reciente (1940-1990)	90.000	26.176	1.244	1.673	1.54
Mineral residual existente (gossan incluido)	80.000	26.080	1.202	1.328	1.48
Mineral original probable (gossan incluido)	240.000	64.574	3.204	3.811	4.09

Tabla 2.2.- Tonelaje mineral de las Sierras de Cartagena.

Principales minas de la Sierra de Cartagena	**Tonelaje mineral extraído entre 1957 y 1990**
San Valentín	18.000.000
Emilia	11.300.000
Tomasa	9.000.000
Los Sastres III	7.000.000 (+otros 11.000.000 por extraer)
Los Blancos I y II	5.600.000
Gloria	3.700.000
Brunita	3.000.000
San José-Gloria Este	1.300.000

El área minera abandonda ocupa aproximadamente un área de 50Km^2 en la que se han inventariado 1902 pozos mineros y 12 cortas de mina que ocupan un área total de 2.4 Km^2. Además, se han cuantificado 2351 depósitos de residuos que ocupan un área aproximada de 9 Km^2 y un volumen del orden de 175Mm^3 en tierra y otros 25 Mm^3 en el mar (Bahías de Portmán, el Gorguel y playa la Galena). Del total de residuos minero-elementoúrgicos, el 60% en volumen se encuentra en las cuencas de las ramblas que vierten al Mar Menor, y el 40% restante lo hacen al Mar Mediterráneo. A lo largo de la Sierra Minera quedan evidencia de diversos elementos arquitectónicos y se han inventariado un total de 160 elementos patrimoniales mineros, denominados como Lugares de Interés Arqueo-industrial Minero (LIAIM). Se han clasificado en 8 tipos distintos:

Chimenea, Grupo de minas, Hornos, Castilletes, Lavaderos, Máquinas de tracción de castillete de mina, Polvorines de mina y Túneles (García García, C., 2004).

2.1.- Ámbito Medioambiental.

- ***Geología y litología.***

La zona mineralizada en la Región de Murcia ocupa una banda relativamente estrecha de las Cordilleras Béticas internas, que hacia el este llega hasta las proximidades del Mar Menor, con las explotaciones de la Sierra de Cartagena-La Unión, y por el sur continúa por la provincia de Almería en la Sierra Almagrera (Arana et al., 1999).

La Zona Crítica Minera abandonada pertenece a la denominada zona Bética s.s. o dominio interno y se caracteriza por estar constituida por el apilamiento estructural de tres mantos tectónicos complejos, afectados por metamorfismo de grado decreciente de abajo a arriba tanto dentro de cada complejo como en la serie completa. En la pila estructural en orden ascendente se encuentran el complejo Nevado-Filábride, el complejo Alpujárride y el complejo Maláguide.

Las principales zonas y complejos, según el Mapa Geológico de la Comunidad Autónoma de la Región de Murcia. Escala 1:200.000, editado por el Instituto Tecnológico GeoMinero de España que están representados en la zona son (Figura 2.2):

- **Zona Neógeno –Cuaternaria**:

  - Depósitos neógenos del mioceno superior. Depósitos del Messiniense (**69**).

  - Depósitos del cuaternario. Se trata de depósitos ampliamente representados en la zona del Campo de Cartagena (Holoceno [76]).

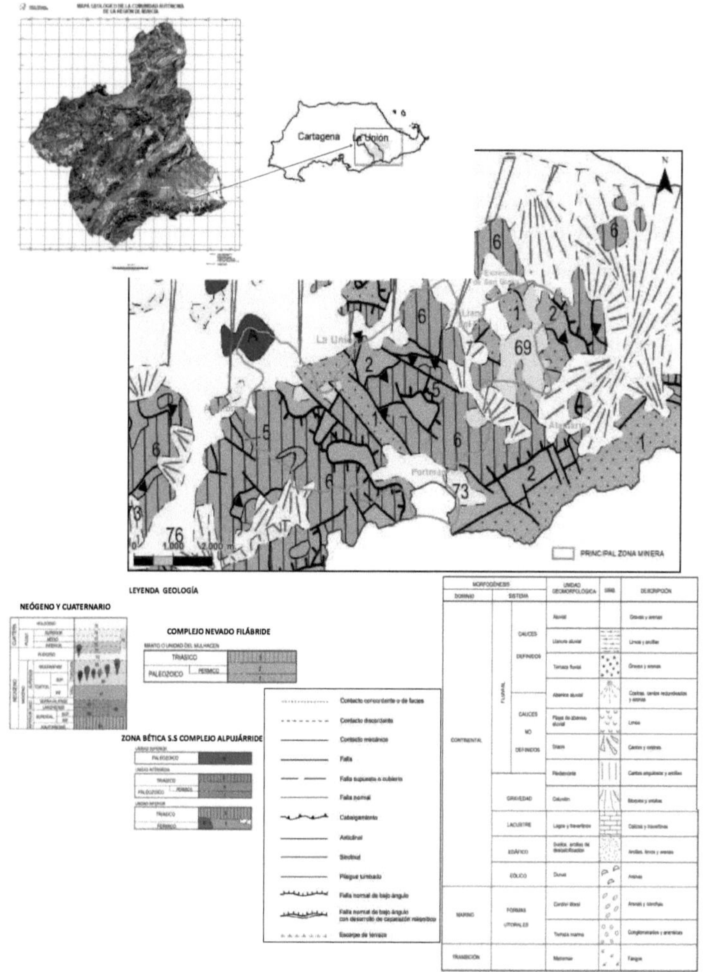

Figura 2.2.- Geología y litología Distrito Minero Cartagena-La Unión. Fuente: Mapa Geológico de la Comunidad Autónoma de la Región de Murcia. Escala 1:200.000, editado por el Instituto Tecnológico GeoMinero de España.

- Complejo Nevado –Filábride. Manto o Unidad de Mulhacén. Es el conjunto más profundo del edificio interno. Está constituido por potentes series paleozoicos y triásicas, metamórficas, de micaesquistos grafitosos, gneises con turmalina, metagranitos, anfibolitas, etc. Se encuentra en las sierras litorales del *Monte de las Cenizas*, *Cerro de los Cuatro* Tiros y Cerro del Atalaya en el municipio de Cartagena.

Litológicamente esta unidad está constituida por:

- ✓ Micaesquistos y cuarcitas con intercalaciones de mármoles y metavulcanitas ácidas pertenecientes al Paleozóico (**1**)
- ✓ Micaesquistos feldespáticos, gneises, metabasitas y yesos del Pérmico - Triásico (**2**)

➢ **Zonas Internas. Subzona Bética S.S.**:

- Complejo Alpujárride. El Complejo Alpujárride contiene terrenos paleozoicos y triásicos, afectados por un metamorfismo de intensidad variable. En él predominan los esquistos, cuarcitas, filitas y sobre todo calizas y dolomías. En este sector de las Cordilleras Béticas, son frecuentes las intrusiones de diabasas.

  - Unidad Inferior. Triásico y Pérmico. Aflora en las Sierras litorales del municipio de Cartagena: *Sierra de La Muela, Sierra de Pelayo, Sierra Gorda* y *Sierra de La Fausilla.*

    Litológicamente están constituidas por:

    - ✓ Filitas, cuarcitas (**5**)
    - ✓ Calizas y dolomías (**6**)

El complejo Maláguide, aflora al norte de la zona de estudio y se encuentra formado por conglomerados y calizas de algas del Cenozoico superior.

En la zona de Cartagena existen asomos volcánicos que extorsionaron en épocas relativamente recientes, sobre todo desde el Tortoniense al Cuaternario antiguo y que constituyen verdaderas alineaciones volcánicas.

- ✓ Rocas Calco-alcalinas potásicas y shosníticas. Andesitas (**A**) (López Ruiz y Rodriguez Sadiola, 1980).

- ➢ ***Características edafológicas.***

Los suelos de la zona de estudio presentan las características propias de las áreas de clima semiárido y mediterráneo, donde la irregularidad y torrencialidad de las lluvias, con un alto poder erosivo, eliminan la capa superficial debido a la ausencia de vegetación y, en consecuencia, permite un escaso desarrollo de los suelos (García García, C., 2004). Son suelos que han sufrido una fuerte acción antrópica debido a las labores mineras que en ellos se han llevado a cabo. Aún así, existen suelos naturales muy interesantes puesto que se trata de los escasos enclaves de suelos desarrollados sobre rocas volcánicas, poco abundantes y que forman parte del último volcanismo del sureste español. Los suelos fueron clasificados según la clasificación FAO-UNESCO 1988.

El tipo de suelos ampliamente representados en la zona de estudio (Figura 2.3) son los Antrosoles ó los suelos afectados por la minera. Son el resultado de actividades humanas que provocan modificaciones profundas en los horizontes originales del suelo, o los han enterrado, debido a la remoción o perturbación de los horizontes de superficie, apertura de tajos, rellenos, etc. También están representados los Litosoles con inclusiones de Xerosoles cálcicos, así como asociaciones de litosoles y xerosoles cálcicos.

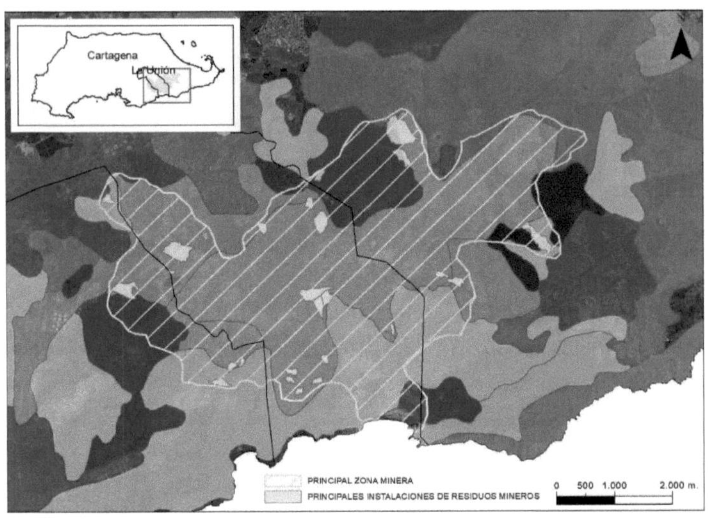

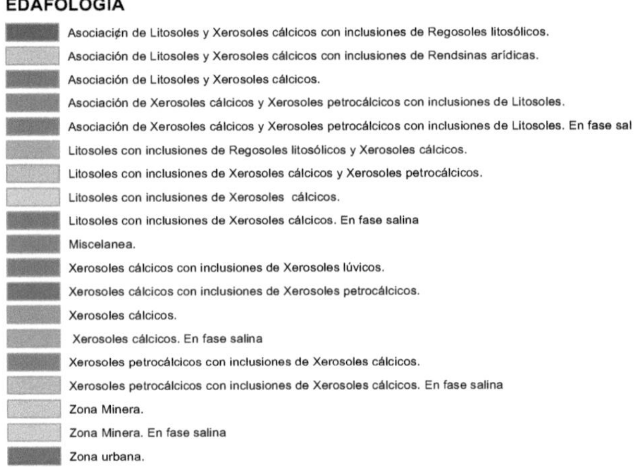

Figura 2.3.- Edafología de la zona minera de Cartagena y La Unión sobre ortofotografías 977 y 978 (año 2016) del PNOA cedido por © Instituto Geográfico Nacional de España. Fuente: Mapa regional de asociaciones de suelos a escala 1:100.00. Dirección General de Medio Natural de la Región de Murcia.

➢ *Mineralogía.*

Desde el aspecto mineralógico, la Sierra Minera de Cartagena-La Unión, resulta sumamente interesante por la variedad de especies mineralógicas presentes, por los procesos mineralogenéticos que las han originado y por los procesos de alteración pasados y actuales que actúan sobre estos materiales. Entre ellos, el Cabezo Rajao es un ejemplo de un yacimiento mineralo-metálico de PBG (pirita-blenda- galena) asociado a una intrusión de roca volcánica de basicidad intermedia, asociado a una alteración hidrotérmica que depositó las menas metálicas (sulfuros), transformando la mineralogía original de la roca, resultando una paragénesis compleja, que es representativa de estos procesos. La Figura 2.4 trata de resumir aquellos procesos mineralogenéticos más representativos de este emplazamiento.

El proceso de alteración hidrotérmica tiene lugar al mismo tiempo que los episodios volcánicos y son una consecuencia de estos procesos. Las mineralizaciones metálicas filonianas, la alteración que presenta la roca volcánica, tanto en superficie como en la red de diaclasas, etc., constituyen una fase de alteración primaria que es la causante de la existencia de estos yacimientos minerales.

Sobre esta fase volcánica y pos volcánica, actúan los agentes de meteorización y dan lugar a todos los procesos de alteración supergénica con formaciones de monteras o gossan.

Estos procesos continúan en la actualidad, paralelos a la explotación industrial y en los periodos posteriores a esta. Actúan principalmente sobre materiales de textura fina, y en la superficie y grietas de los gruesos, formando minerales nuevos con un grado de hidratación mayor que los que se destruyen. Esto provoca un incremento de estos procesos supergénicos acelerándolos, puesto que conducen a un aumento de volumen de las fases presentes, lo que se traduce en un aumento del esfuerzo de la roca coherente y facilita su fragmentación. La aparición de costras, eflorescencias, patinas, etc., son signos evidentes de la importancia del proceso.

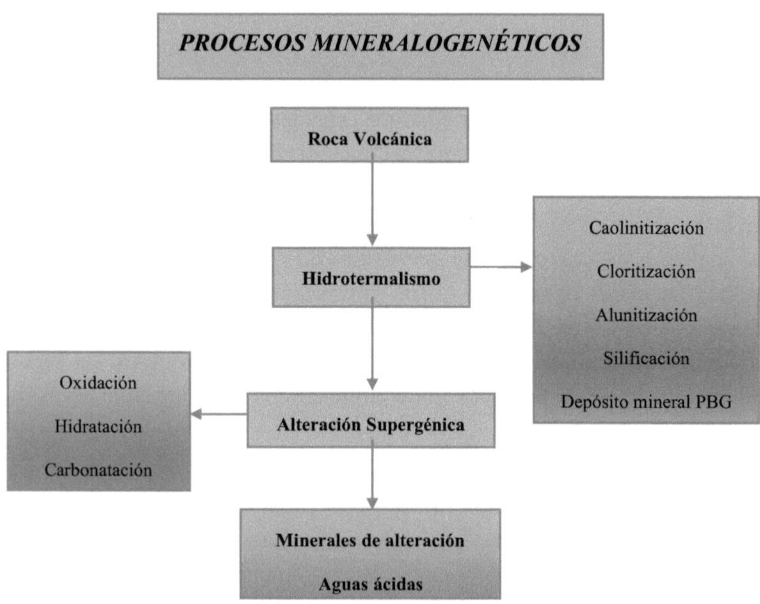

Figura 2.4.- Procesos Mineralogenéticos.

Otro aspecto que consideramos de máxima importancia dentro de este aspecto es que la alteración por oxidación de los sulfuros conduce a la presencia de ácido sulfúrico, lo que provoca un pH muy bajo (aguas de lixiviación con pH próximo a 2) que pueden transportar en disolución un alto número de elementos traza.

La cristalización de esta agua por evaporación en zonas deprimidas, da lugar a un número muy elevado de sulfatos polihidratados de elementos trivalentes como Fe (III) y Al y de elementos divalentes como Mg, Fe (II) y Zn, solubles en agua y que llevan incorporados a su composición diferentes elementos en proporciones diversas.

Los alumbres, sulfatos de trivalente (Al y Fe (III)) y monovalente (Na, y K) son muy abundantes y están asociados a los mismoprocesos. Si se trata de hidroxisulfatos, (alunita y jarosita), su origen se encuentra más relacionado con la alteración primaria de la roca volcánica, por medio de procesos hidrotérmicos que, por este proceso de superficie, aunque no podemos descartar que para la jarosita, sea este último él más importante.

➢ ***Lugares de Interés Geológico.***

Los LIG son áreas o zonas que muestran características consideradas de importancia dentro de la historia geológica de una región natural. Son recursos no renovables de carácter cultural que conforman el Patrimonio Geológico de una Región.

En la zona minera de Cartagena- La Unión, destaca (Figura 2.5):

- por su extensión e importancia el LIG *Sierra minera de La Unión,* localizado en los municipios de la Unión y Cartagena.

- Cabezo Rajao. De interés por sus yacimientos de plata, plomo y zinc, y de interés arqueológico por presentar importantes retos de la minería de época romana. Además, presenta excepcionales elementos del patrimonio industrial.

- Corta Brunita y laguna ácida que ha sido actualizada en el Inventario de Lugares de Interés Geológico de la Región de Murcia en la actualización realizada recientemente en 2018.

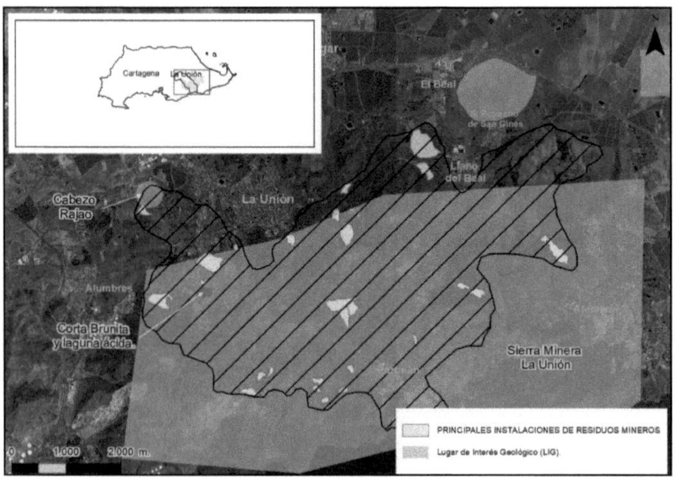

Figura 2.5.- Lugares de Interés Geológico en la zona minera de Cartagena y La Unión sobre ortofotografía 977 y 978 (año 2016) del PNOA cedido por © Instituto Geográfico Nacional de España. Fuente: Dirección General de Medio Natural de la Región de Murcia.

- ***Pendiente***

En la Figura 2.6. se puede observar que la parte central de la Sierra Minera, donde se localiza la acumulación de estériles mineros, se encuentra afectada por una pendiente alta ó muy alta, siendo superior al 50% en una gran superficie de terreno. La pendiente disminuye hacia la Vertiente Mar Menor, lo que puede favorecer una atenuación natural de la contaminación de elementos potencialmente tóxicos procedente de la Sierra Minera. En cambio, hacia la Vertiente Mediterránea la pendiente sigue siendo muy alta.

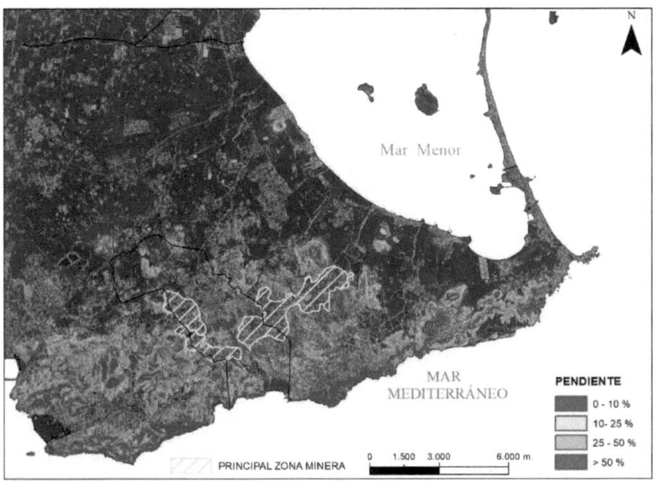

Figura 2.6.- Pendiente de la zona minera abandonada y su área de influencia.

> ***Erosión potencial.***

En la Figura 2.7 se representa la erosión potencial de la zona de estudio. Se pueden observar zonas de la parte central de la Sierra Minera donde la erosión potencial es muy alta. Este riesgo potencial se mantiene alto hacia la Vertiente Mediterránea y disminuye hacia el Mar Menor.

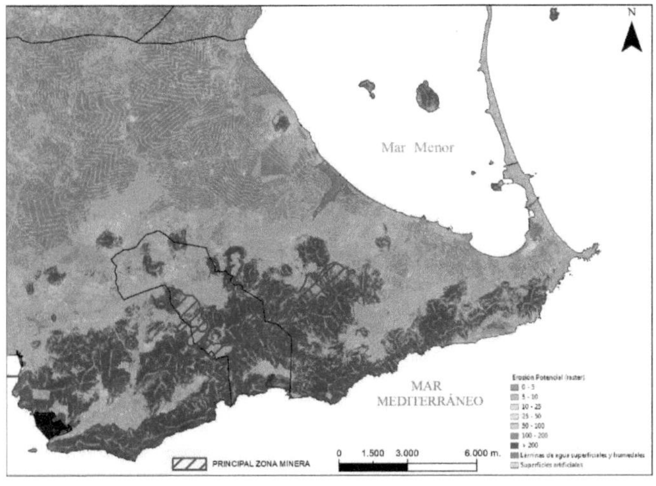

Figura 2.7.- Erosión potencial de la zona de estudio.

➢ *Hidrogeología.*

En la Figura 2.8 se representan los acuíferos de la zona de estudio yson:

- MASA DE AGUA 070.063 SIERRA DE CARTAGENA. Acuífero 160.- LA UNION-PORTMAN

Esta masa de agua pertenece a la Unidad Hidrogeológica 07.51. Sierra de Cartagena, que en el plan Hidrológico de la Cuenca del Segura (CHS 1997) aparece constituida por ocho acuíferos de 100 m. de espesor medio.

- MASA DE AGUA 070.052 CAMPO DE CARTAGENA. Acuífero 100.- CAMPO DE CARTAGENA

Esta masa de agua pertenece a la Unidad Hidrogeológica 07.31. Campo de Cartagena, y en la zona de estudio abarca un único acuífero:

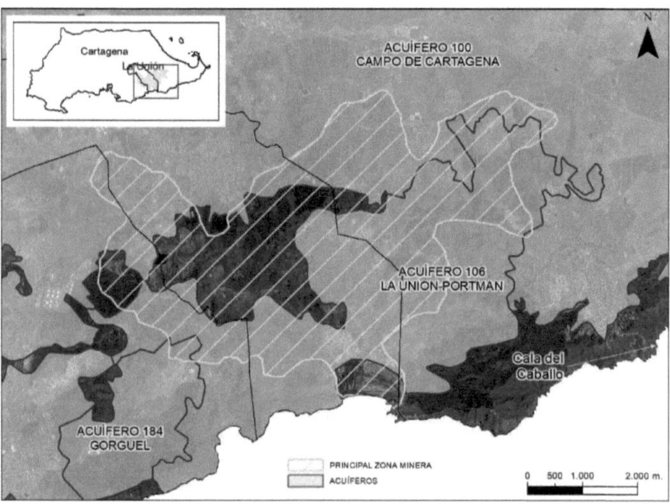

Figura 2.8.- Hidrogeología en la zona minera de Cartagena y La Unión sobre ortofotografía 977 y 978 (año 2016) del PNOA cedido por © Instituto Geográfico Nacional de España. Fuente: Cartografía de la Confederación Hidrográfica del Segura. Plan Hidrológico de la Demarcación del Segura 2015-2021.

➢ ***Medio Natural.***

En cuento a la vegetación, la zona de estudio se encuentra representada por el **Piso Sublitoral** o **Termomediterráneo**. En la Figura 2.9 se muestra el uso-vegetación de la zona de estudio. Según el Cuarto Inventario Forestal Nacional (IFN4) 2014 (Ministerio de Medio Ambiente) la vegetación actual está caracterizada por pastizal-matorral (matorrales y cubiertas hiperxerófilas o termoxerófilas, tomillares y agrupaciones fisonómicamente afines, Espartizales [*Stipa tenacissima, Lygeum spartum*], aliagares, aulagares y afines).

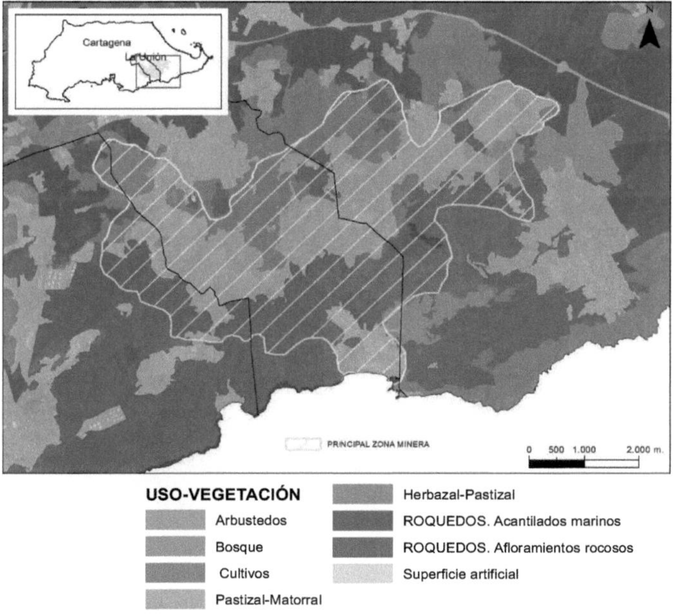

Figura 2.9.- Usos - Vegetación de la zona minera de Cartagena y La Unión sobre ortofotografía 977 y 978 (año 2016) del PNOA cedido por © Instituto Geográfico Nacional de España. Fuente: Mapa Forestal de España (MFE) actualizado con datos de 2014.

En cuento a la fauna, en el ámbito de estudio se describe un gran tipo de comunidad faunística: Sierras Litorales. Cubiertas mayoritariamente por matorrales y espartales, estas sierras litorales y prelitorales constituyen el hábitat óptimo de algunas de las especies más emblemáticas de la fauna regional como el águila-azor perdicera.

En cuanto a flora y fauna de la zona de estudio, cabe destacar dos especies; *Cistus heterophyllus* subsp. Carthaginensis y *Aquila fasciata* que cuenta con un plan de recuperación.

En cuanto a la flora de la zona Minera de Cartagena - La Unión destaca la presencia de un Área de potencial reintroducción de *Cistus heterophyllus* subsp. Carthaginensis, con una superficie de 71,36 Ha (Figura 2.10).

Colindante a la Zona Minera de Cartagena-La Unión está el Área Crítica de Recuperación el Águila Perdicera de la Sierra de la Fausilla y Monte de las Cenizas y Áreas de importancia para las especies rapaces (Figura 2.10).

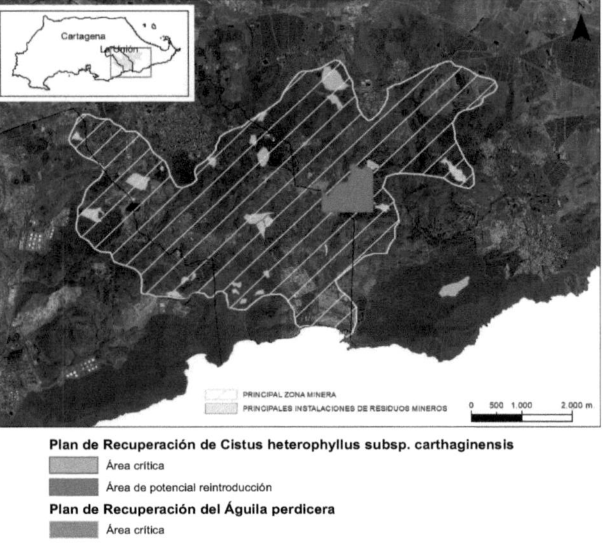

Figura 2.10- Áreas críticas y áreas potenciales de reintroducción de especies de flora en peligro de extinción en la zona minera de Cartagena y La Unión sobre ortofotografía 977 y 978 (año 2016) del PNOA cedido por © Instituto Geográfico Nacional de España. Fuente: Planes de Recuperación. Oficina de Impulso Socioeconómico del Medio Ambiente y Dirección General de

Medio Ambiente. CARM. Áreas críticas y áreas potenciales de reintroducción de especies de fauna en peligro de extinción y Áreas de importancia para las especies rapaces en la zona minera de Cartagena y La Unión sobre ortofotografía 977 y 978 (año 2016) del PNOA cedido por © Instituto Geográfico Nacional de España. Fuente: Oficina de Impulso Socioeconómico del Medio Ambiente CARM.

2.2.- Fuentes contaminantes.

Tras el cese de la actividad minera, quedarón gran cantidad de estériles mineros acumulados que no fueron correctamente sellados y/o tapados. Estas pilas de residuos, son áreas que quedan expuestas a la contaminación en la zona minera abandonada de Cartagena-La Unión. Se encuentran ocupando grandes superficies de terreno. Según los trabajos realizados por García García C., en 2004 identificó y cartografío nueve tipos de residuos: estéril de corta, lodo de flotación depositados en tierra, lodo de flotación depositados en mar, estéril de concentración gravimétrica, estéril de mina, óxidos, rechazo de granulometría, escoria de fundición y estéril de pozo. El área total que ocupan los residuos es aproximadamente de 9 km^2 y su volumen del orden de 175 Mm^3 en tierra, y otros 25 Mm^3 en el mar (bahías de Portman, el Gorguel y playa la Galera). En la zona se identificaron 89 balsas en las cuales se almacenan unos 23 millones de m^3 y otras 358 escombreras de materiales estériles.

En la Figura 2.11 se representan las principales instalaciones de residuos mineros que se encuentran en las ortofotografías 977 y 978 (año 2016).

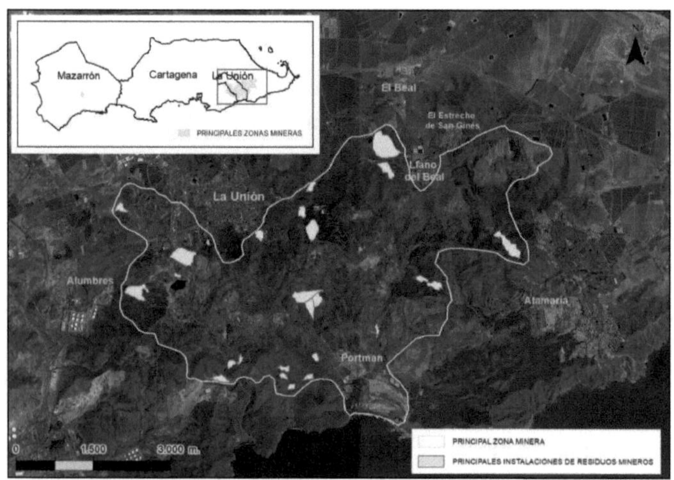

Figura 2.11.- Principal zona minera en los municipios Cartagena y La Unión sobre ortofotografías 977 y 978 (año 2016) del PNOA cedido por © Instituto Geográfico Nacional de España.

Los materiales que se encuentran en la Sierra Minera son el resultado de una mezcla y sedimentación de materiales que comprende restos del tratamiento mecánico y metalúrgico de las menas beneficiadas constituidos por roca encajante no alterada, roca encajante alterada, mineralización primaria (sulfuros metálicos), mineralización secundaria (alteración hidrotermal) y productos de alteración supergénica de los sulfuros. Se trata de materiales de naturaleza muy variada y granulometría heterogénea (Cortes Navarro, M.C., 2004; García Lorenzo, M.L., 2009; Martinez López et al., 2020).

Estos tipos de residuos han sido ampliamente estudiados y se pone de relieve que son fácilmente erosionados, especialmente en la zona del SE de España, donde las precipitaciones son de carácter torrencial. Representan una fuente de contaminación de elementos potencialmente tóxicos.

Los focos correspondientes a las fuentes contaminantes presentan materiales de naturaleza muy variada y con granulometría heterogénea. Se puede establecer distintos tipos de fuentes contaminantes o focos que presentan comportamiento distinto por dispersión hídrica tanto soluble como particulada (Navarro Hervás, M.C., 2004; García Lorenzo, M.L., 2009; Martínez Sánchez & Pérez Sirvent, 2009; Martínez López, et al., 2020):

- ***Focos tipo 1***: Balsas de estériles mineros (Figura 2.12). Se encuentran por toda la zona de estudio y por su localización, pueden diferenciarse las balsas situadas a mitad de ladera, donde la erosión hídrica es muy elevada, de las balsas situadas en las zonas de piedemonte, donde se recogen aguas de escorrentía y de lixiviación que permanecen después de las lluvias durante largo tiempo, formando grandes charcas.

Figura 2.12.- Balsa erosionada en ladera este y Balsa de recepción.

- ***Focos tipo 2:*** Escombreras (Figura 2.13). Son acumulaciones de materiales mezclados (desmontes, estériles de lavadero, gacheras de fundición...) que presentan diferentes grados de alteración supergénica, alta grado de pedregosidad y erosión hídrica muy alta.

Figura 2.13.- Escombrera de textura gruesa y fuerte pendiente.

- ***Foco tipo 3:*** Ramblas y zonas de inundación (Figura 2.14). Cubre una extensa red en la zona de estudio y actúan como las principales vías de dispersión de residuos de la minería, tanto en forma de partículas como en forma soluble.

Figura 2.14.- Rambla del Beal

- ***Focos tipo 4***: Depósitos de estériles mineros situados en zonas más alejadas de la Sierra Minera (Figura 2.15). Se han originado por depósito directo de los estériles mineros. Limitando al Mar Menor se localiza la zona de Lopoyo y limitando al Mar Mediterráneo las bahías del Gorguel y Portmán.

Figura 2.15. Depósitos de estériles mineros situados en zonas más alejadas de la Sierra Minera (Lo Poyo, Bahía de Portman y Bahía del Gorguel).

Las características de los residuos mineros han sido estudiadas y determinadas por diferentes investigadores, entre los que destacan los trabajos realizados por Manteca Martínez & Ovejero Zappino, 1992; Navarro Hervás, 2004; Conesa et al., 2006; Robles Arenas, 2007; Maria Cervantes, A.M., 2009; García Lorenzo

M.L., 2009, 2018; Martínez Sánchez & Pérez Sirvent, 2009; Benedicto Albadalejo et al., 2009; Martínez Pagán et al., 2009; González Fernández, O., 2010; Zornoza et al., 2012; Kabas S., 2013; Martínez Martínez et al., 2013; Marimón Santos J., 2015; Alcolea Rubio, L.A., 2015; Muñoz Vera, A., 2016; Rosique López, M.G., 2016; Trezzi et al., 2016; Pérez Sirvent et al., 2016, 2018; Martínez Sánchez et al., 2017; Caparrós Ríos, A.V., 2017;Hernández Pérez, C., 2017; Gabarrón et al., 2018; Khademi et al., 2018; Martínez López et al., 2020. Los resultados concluyen que las pilas de residuos mineros se caracterizan principalmente por:

- Presentar un alto grado de alteración y reactividad.

- Concentración elevada de metales pesados, elementos traza, óxidos e hidróxidos de hierro, sulfuros y sulfitos.

- Ausencia de vetegación y débil compactación.

- Escaso o nulo contenido en nutrientes, materia orgánica y alta concentración en sales.

- Situados en zonas de elevada con pendiente, con abundants cárcavas y surcos.

- Como consecuencia de la oxidación de los sulfuros y la intesna evaporación presentan alta acidez.

- Transporte de materiales debido a los procesos de erosión hídrica y eólica intensos que los que se encuentran sometidos.

2.3.- Impactos.

Las actividades mineras pasadas, provocaron la generación de una gran cantidad de residuos que se encuentran acumulados en depósitos mineros y sometidos a procesos naturales de erosión. Como consecuencia, se han identificado un amplio espectro de problemas ambientales, relacionados con las alteraciones producidas por las antiguas industrias extractivas metálicas en la zona critica minera abandona y su área de influencia.

Este impacto debido a la actividad minera puede manifestarse tanto, en suelo, atmósfera, así como aguas superficiales y subterráneas y no solo en las zonas de explotación sino también en área adyacentes. También pueden verse afectados la fauna y la flora e incluso el ser humano. La Figura 2.16 muestra los procesos y los medios potencialmente afectados por la contaminación del suelo. Una vez que el contaminante es liberado al medio, este puede ser transportado en solución o en suspensión por el agua o el aire alcanzando las aguas superficiales y subterráneas. Además, puede ser absorbido por las plantas e ingerido por animales entrando así en la cadena trófica, incluso puede ser ingerido e inhalado directamente del suelo.

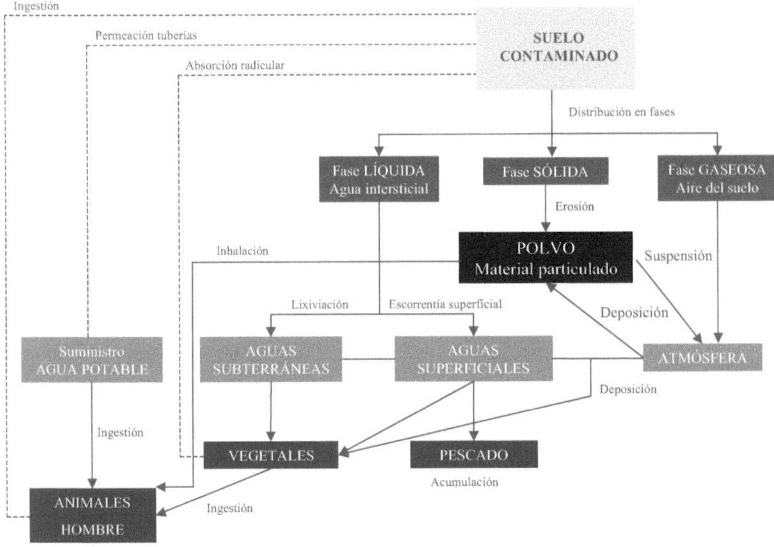

Figura 2.15.- Medios potencialmente afectados por la contaminación del suelo. (modificado de IHOBE 1998a).

Esta actividad supone la eliminación de suelo natural por la roturación y desmonte del terreno, acumulación de residuos y estériles (como se ha comentado anteriormente) así como la construcción de carreteras, pistas, etc.

En el medio hídrico provoca la aparición de lagos en el interior de las cortas de mina, así como la existencia de surgencias de drenaje ácido. Dependiendo del origen de las aguas ácidas, la Agencia de Protección Ambiental de los Estados Unidos de América las denomina como, drenaje ácido de roca (**ARD**, de sus siglas en inglés) si provienen de roca estéril/desechos de mina o relaves, o como drenaje ácido de mina (**AMD**, de sus siglas en inglés), si proceden de estructuras mineras (US EPA, 2000a) (Pérez Espinosa, V., 2014; Alcolea Rubio, A., 2015). Entre las fuentes que generan drenaje ácido (alto contenido en metales, sulfatos en disolución, pH ácido, alta concentración de sedimentos y partículas en suspensión) se encuentran los lixiviados de escombreras, las balsas de relaves o tailings, los desagües de galerías subterráneas, cortas o minas a cielo abierto, los residuos de plantas de tratamiento y concentración, y cualquier material que tenga sulfuros susceptibles de ser oxidados (Romero Baena, A., 2005; Martínez Sánchez, M.J. y Pérez-Sirvent, C. 2008; García Lorenzo, M.L., 2009; Carmona Garcés, D.M., 2012).

La excavación de cortas y pozos favorece la recarga del acuífero, además modifica la divisoria hidrográfica de las distintas ramblas al localizarse principalmente en las cabeceras.

Otro factor de contaminación presente en la Sierra Minera es el impacto de la contaminación atmosférica provocado por la erosión eólica y la dispersión de contaminantes que provocan, las áreas desprovistas de vegetación de esta zona, al ser erosionadas por la acción del viento. Muy relacionado con la erosión eólica se encuentra la problemática generada por la formación de eflorescencias. La presencia de eflorescencias salinas en el Distrito Minero de Cartagena- La Unión es un impacto muy importante debido a la alta concentración de metales pesados y elementos traza metálicos que contiene. Su textura muy fina y la baja densidad que presentan, le confieren un alto grado de erosionabilidad. También presentan estrecha relación con el proceso de generación de las aguas de drenaje ácido de mina. Pérez Sirvent, C., et al., 2015; García Lorenzo, M.L., et al., 2016, estudiaron las eflorescencias encontradas en la superficie del suelo y hasta una profundidad entre 0.5 y 10 cm que se producen en los procesos de evaporación, tanto en superficie como en aguas de poro. Se pone de manifiesto que aunque las sales eflorescentes son efímeras, representan una fuerte influencia en los ecosistemas. Además, los minerales que las componen, proporcionan valiosa información sobre su formación, así como de las condiciones de equilibrio que se producen en los depósitos de residuos mineros. Se concluye que las eflorescencias representan un mayor riesgo de contaminación que las muestras superiores de suelo, incluso cuando presentan menor contenido de elementos potencialmente tóxicos debido al elevado potencial de movilización de estos elementos tóxicos.

Pérez Hernández C., 2017 estudió las floraciones que surgen, cuando no hay drenajes, y se producen fenómenos de capilaridad y de lavado ascendente, con cristalizan en superficie formando costras y agrupaciones de gran espectacularidad y variedad, con coloraciones que van del blanco al naranja, a veces con tonos verdosos y ocres. Estas sales solubles son materiales muy reactivos y con procesos de alteración supergénica. Presentan sulfatos hidratados muy solubles como es la copiapita. Esta sal de Fe^{+3} y Al^{+3}, junto a Fe^{+2}, Mg^{+2} y Zn^{+2} (según se trate de copiapita, magnesiocopiapita o dietrichita, respectivamente), suele estar acompañada de otros sulfatos hidratados del metal trivalente (Fe^{+3}y Al^{+3}) como halotrichita, conquimbita, pickeningita, sideronatrita....entre otros y por sales divalentes (Mg^{+2}, Fe^{+2}, Zn^{+2}) como hexahydrita, siderotilo, rocenita, bianchita....constituyendo lo que se conoce como eflorescencias.

Otro riesgo presente en la zona minera abandonada es el asociado a la la rotura de las balsas si se producen fallos de las estructuras de almacenamiento o contención de los residuos de estériles. Las posibilidades de que se produzcan roturas de diques o taludes dependerá de factores como el posible deterioro de las condiciones de estabilidad, los aspectos de construcción de la balsa, su situación en el entorno, etc. Los efectos de la rotura de taludes o diques se manifiestan rápidamente y la magnitud de la zona afectada va a determinar los elementos en riesgo, que será tanto mayor cuando se trate de zonas habitadas con población, ecosistemas de valor ecológico, infraestructuras ó actividades económicas. Si se produce la rotura de la presa se puede encontrar zonas nuevas contaminanadas por elementos potencialmente tóxicos.

Las numerosas acumulaciones de residuos mineros presentes en el área de estudio han contribuido a la transformación de la orografía del terreno. La erosión de estas acumulaciones ha dado origen a la movilización de importantes cantidades de material, así como la entrada de elementos tóxicos presentes en la mineralización en los ecosistemas del área de estudio y de su área de influencia.

Existen residuos mineros en las ramblas, debido al vertido directo en inicio y posteriormente debido a la escorrentía superficial y al transporte eólico, siendo este segundo mecanismo de transporte el que ha permitido encontrar importantes concentraciones de elementos en suelos de zonas no afectadas directamente por el drenaje superficial (Alloway, 2003).

La intensa actividad minera desarrollada ha supuesto la contaminación de una gran extensión de terreno por acumulación de elevadas concentraciones de elementos traza y elementos tóxicos en el suelo tales como Cd, Cu, Pb, Zn, As, etc (Martínez García et al., 2001; Walker et al., 2003) así como una profunda transformación del paisaje (Figura 2.17).

Figura 2.17.- Transformación del paisaje como consecuencia de la actividad minera de la Sierra de Cartagena-La Unión.

2.4.- Vías de transferencia.

El flujo de materiales más importante tiene lugar en superficie durante las lluvias esporádicas pero de carácter torrencial que caracterizan el clima del sureste de España, transportando gran cantidad de materiales, tanto de las escombreras de minas como procedentes de las balsas de lodos. El transporte de los productos de la erosión por el agua de escorrentía se puede dar de distintas formas (Martínez Sánchez y Pérez Sirvent, 2009):

- Como carga disuelta, procedente de sedimentos que contienen minerales solubles.

– En forma particulada, a partir de material suspendido.

– Como carga de fondo, arrastrados en el fondo de la corriente.

Este transporte dependerá de la velocidad del flujo del agua. Podemos establecer un transporte de flujo rápido que arrastra y lleva a la rambla formas solubles y particuladas similares a las existentes en el lugar de origen y otro transporte de flujo lento durante el que se puedan dar nuevos fenómenos de alteración.

Los procesos químicos que se desarrollan en el transporte de elementos de flujo lento son disolución, complejación y adsorción, pudiendo tener lugar, además, procesos de oxidación.

Los propios agentes meteorizantes, el agua, el viento, y los seres vivos, actúan como agentes erosivos, conduciendo a una pérdida del suelo (Torri y Borselli, 2000) y al transporte de los elementos traza (Pierzynski et al., 2000).

Los sedimentos depositados en curos de aguas o en las ramblas que transportan materiales procedentes de los depósitos mineros, pueden actuar como focos después de la lluvia (Martínez López et al., 2019).

El transporte hídrico y sedimentación de elementos traza en la zona minera y su área de influencia, tiene lugar tanto en forma soluble como particulada, siendo éstas las vías para que el arsénico alcance zonas topográficamente más bajas o bien lleguen al Mar Menor y Mar Mediterráneo.

Este material suspendido está compuesto generalmente por minerales de la arcilla, hidróxidos de hierro y manganeso a los que se suman cantidades de materiales orgánicos transportando arsénico y otros elementos adsorbidos en ellos, debido a su gran área superficial. Otros elementos se transportan como formas disueltas.

En las proximidades de la Zona Minera existe una gran extensión de suelos calizos, de tradición agrícola, con cultivos hortícolas a cielo abierto y en invernaderos. Estos suelos, que están situados en el área de inundación de las ramblas, presentan unos niveles de elementos traza en ocasiones muy elevados, con una gran dispersión espacial de valores. En el área de alimentación de dichas ramblas, que funcionan con un cauce de agua corto y discontinuo cuando llueve, se reciben grandes aportaciones procedentes de flujos laterales constituidos por materiales pertenecientes a la zona minera.

Sin embargo, no en todos los casos se puede decir que los elementos contenidos en estos suelos presenten la misma movilidad y biodisponibilidad.

En la Figura 2.18 se representan las principales Ramblas que constituyen la fachada Norte La cuenca de drenaje de la fachada Norte de la Sierra está constituida por una serie de ramblas entre las que destacan la Rambla de Miranda, el Miedo, las Matildes, Ponce, el Beal y Carrasquilla que desembocan en la Laguna del Mar Menor, mientras que en la fachada Sur (Figura 2.19) son de destacar las Ramblas del Gorguel y Portmán con aportes de materiales a las Bahías del Gorguel y Portmán respectivamente, El Hondón, Escombreras y Santa Lucia localizadas en el Mar Mediterráneo.

Figura 2.18.- Situación de las principales ramblas afectadas por la influencia minera. Vertiente Mar Menor.

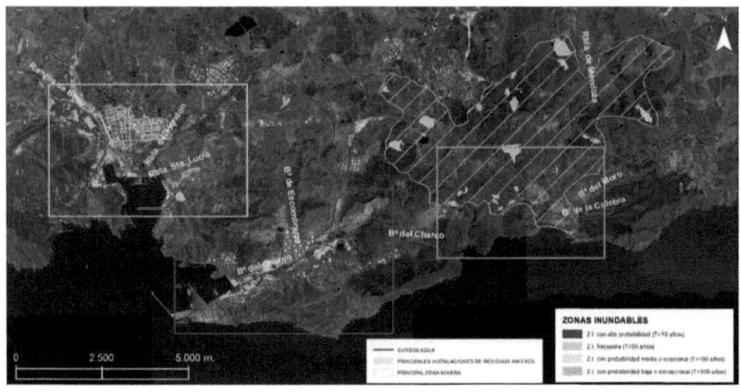

Figura 2.19.- Situación de las principales ramblas afectadas por la influencia minera. Vertiente Mar Mediterráneo.

La Tabla 2.3 muestra las características de las principales ramblas de la Sierra Minera de Cartagena-La Unión (García García, C., 2004).

Tabla 2.3.- Ramblas del Distrito Minero de Cartagena-La Unión. Características (García García, C., 2004).

Rambla	Vertiente	Superficie (km^2)	Perímetro (Km)	Longitud de los cauces (km)	Desnivel absoluto (m)	Pendiente media (%)
Miedo	Mar Menor	36.87	30.56	7.78	386	2.84
Matildes		17.38	26.15	6.73	379	3.22
Beal		7.6	17.35	7.22	242	1.92
Ponce		11.96	16.66	5.46	384	3.08
La Carrasquilla		29	25.82	10.60	232	1.25
Escombreras	Mar Mediterráneo	26.77	25.47	6.72	221	1.63
Santa Lucía		5.05	10.1	2.92	210	4.12
El Hondón		19.55	23.99	7.48	198	1.52
Portman		10.77	16.09	2.28	302	7.54
El Gorguel		3.4	10.4	4.0	322	4.61

3.- DINÁMICA DEL ARSÉNICO EN LA SIERRA MINERA DE CARTAGENA-LA UNIÓN.

Los materiales que se encuentran en la Sierra Minera son el resultado de una mezcla y sedimentación de materiales que comprende restos del tratamiento mecánico y metalúrgico de las menas beneficiadas constituidos por roca encajante no alterada, roca encajante alterada, mineralización primaria (sulfuros metálicos), mineralización secundaria (alteración hidrotermal) y productos de alteración supergénica de los sulfuros. Se trata de materiales de naturaleza muy variada y granulometría heterogénea.

La Tabla 3.1 muestra el resumen mineralógico de los diversos materiales que se encuentran en la zona minera.

Tabla 3.1.- Resumen de la composición mineralógica.

Mineral	Roca Volcánica	Roca Alterada	Materiales de escombreras
Silicatos	cuarzo cristobalita plagioclasa sanidina clorita caolinita mica piroxenos anfiboles	cuarzo sanidina clorita caolinita mica piroxenos anfiboles	cuarzo cristobalita plagioclasa sanidina filosilicatos
Sulfuros			blenda galena pirita marcasita
Óxidos y Oxihidróxidos		hematites goethita ferrihidrita	hematites goethita ferrihidrita
Carbonatos	calcita	calcita	cerusita smithsonita azurita malaquita
Sulfatos Insolubles		Grupo de la jarosita Grupo de la alunita yeso	Grupo de la jarosita Grupo de la alunita yeso anglesita
Sulfatos Solubles			Grupo de la copiapita halotrichita bianchita

Mineral	Roca Volcánica	Roca Alterada	Materiales de escombreras
			melanterita goslarita epsomita hexahidrita ferrohexahidrita

Estos materiales están sometidos a los mecanismos de meteorización primaria favorecidos por diversos procesos como termoclastia, haloclastia, fuerzas biomecánicas, etc. (Churchman, 2000). Como consecuencia de todos ellos se producen con el tiempo modificaciones en las propiedades mineralógicas, petrológicas y mecánicas. La alteración de estos minerales da como resultado diferentes productos en función de las reacciones disolución, hidratación, oxidación e hidrólisis, y cuya cinética está condicionada por el pH, Eh y temperatura.

El agua de lluvia con O_2 y CO_2, ataca a los sulfuros y destruye sus estructuras, reaccionando con los elementos componentes. El ión Fe^{2+} es oxidado a Fe^{3+} mientras que el ión S^{2-} pasa a SO_4^{2-} pudiendo, ambos, ser transportados y/o precipitados formando nuevos minerales. Cada elemento, al ser liberado por la alteración, presenta un comportamiento distinto en función de sus características geoquímicas y condiciones de pH y Eh (Bigham et al., 1992).

La alteración por oxidación de los sulfuros conduce a la presencia de ácido sulfúrico, lo que provoca un pH muy bajo (aguas de lixiviación con pH próximo a 2) que pueden transportar en disolución un alto número de elementos traza. Las reacciones más importantes para la movilización de los elementos son las que envuelven la oxidación de pirita, blenda y galena:

$$4\ FeS_2\ (s) + 14\ O_2\ (g) + 4\ H_2O\ (aq) \rightarrow 4\ Fe^{2+}\ (aq) + 8\ SO_4^{=}\ (aq) + 16H^+\ (aq)$$

$$4\ Fe^{2+}\ (aq) + O_2\ (g) + 4\ H^+\ (aq) \rightarrow 4\ Fe^{3+}\ (aq) + 2\ H_2O\ (aq)$$

La oxidación de los sulfuros como arsenopirita es la principal fuente de arsénico en los residuos mineros. Dicho mineral puede ser oxidado por el oxigeno y el Fe^{3+}, siendo la velocidad de oxidación por Fe^{3+} más rápida que la de la pirita pura (Rimstidt y Newcomb, 1993).

$$FeAsS(s) + 13Fe^{+3} + 8H_2O \Longleftrightarrow 14Fe^{2+} + SO_4^{2-} + 13H^+ + H_3AsO_4\,(aq)$$

La cristalización de esta agua por evaporación en zonas deprimidas, da lugar a un número muy elevado de sulfatos polihidratados de elementos trivalentes como Fe (III) y Al y de elementos divalentes como Mg, Fe (II) y Zn, solubles en agua y que llevan incorporados a su composición diferentes elementos en proporciones diversas.

La oxidación de pirita, pH variable y la presencia de sulfatos, sílice, bicarbonatos, etc., da lugar a la formación de diversos minerales de hierro, tal y como se muestra en la Figura 3.1, donde se esquematiza el proceso de transpote y destino del arsénico en zonas de minería metálica como la Sierra Minera, a los que puede unir el arsénico.

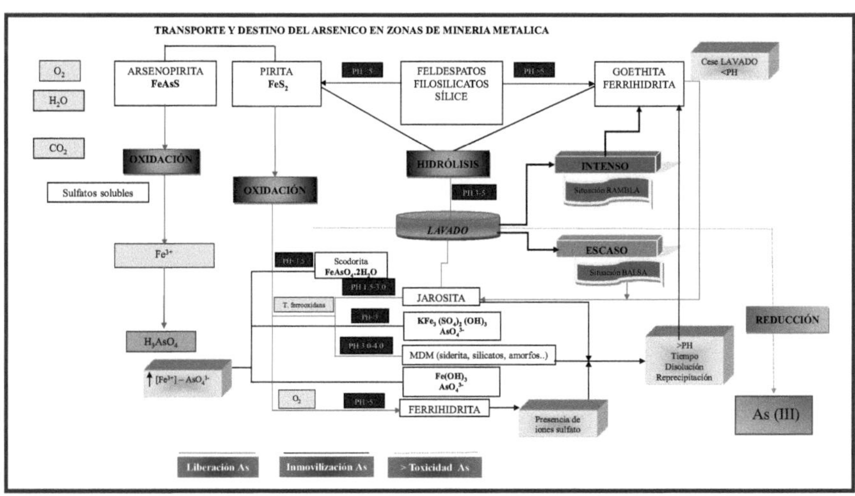

Figura 3.1.- Transporte y destino del arsénico en zonas de minería metálica.

En la Figura 3.1, se esquematiza las diferentes formas en las que el As precipita en medios ricos en Fe $^{3+}$. Se puede observar que en condiciones ácidas, pH menor de 1.5, altas concentraciones de Fe^{3+} y concentraciones de arsénico mayores de 0.01 mol/ l, el arsénico (V) precipita como arseniato de hierro, scorodita (Dove y Rimskidt, 1985). En condiciones de pH menores de 3, el Arsénico (V) puede sustituir al SO_4 en la estructura de las jarositas existentes en residuos mineros

(Foster et al., 1998). La adsorción de Arsénico en superficies de Fe $(OH)_3$ es uno de los principales sumideros de este elemento de las aguas de drenaje ácido de mina.

El CO_2 actúa en el proceso de oxidación produciendo la carbonatación del elemento y suministrando iones sulfato que catalizarán futuras reacciones de oxidación, además de aumentar la acidez del medio.

$$PbS + CO_2 + H_2O + 2O_2 \rightarrow PbCO_3 + SO_4^{2-} + 2H^+$$

$$ZnS + CO_2 + H_2O + 2O_2 \rightarrow ZnCO_3 + SO_4^{2-} + 2H^+$$

En estos procesos pueden darse reacciones biogeoquímicas por bacterias tipo Thiobacillus ferrooxidans y Thiobacillus thiooxidans (Lundgren y Silver, 1980; Alloway, 1995; Nodstrom y Alpers, 1999; Farmer y Graham, 2003), donde están implicados los minerales de hierro, a los que va ligado el arsénico, según el esquema de la Figura 3.2.

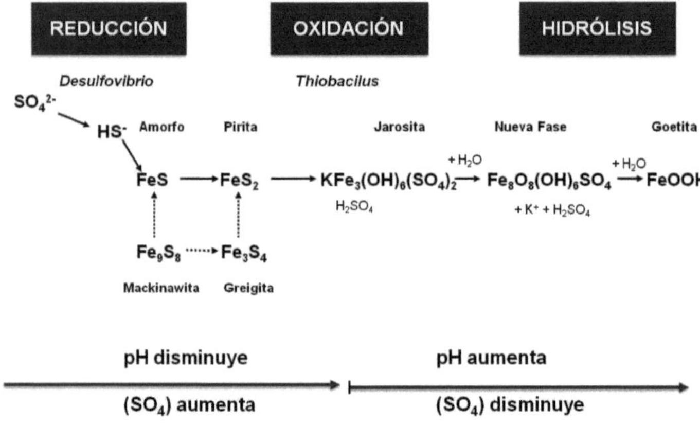

Figura 3.2.- Reacciones biogeoquímicas por bacterias Thiobacillus ferrooxidans y Thiobacillus thiooxidans.

En la zona mineralizada, las etapas finales del proceso de alteración supergénica conducen a un gran número de sulfatos con diferente grado de hidratación

(Lapakko, 2002), que aparecen como eflorescencias salinas y que pueden retener elementos liberados durante el proceso de oxidación (Chapman et al., 1983; Shum y Lavkulich, 1999).

Las aguas ácidas que se generan en estas zonas mineras pueden reaccionar con los carbonatos precipitados durante el proceso de oxidación, produciéndose una neutralización del pH, que supone un primer control en la atenuación de la contaminación por elementos (Chapman, 1983; Al et al., 2000) mediante procesos de precipitación, coprecipitación y adsorción.

$$CaCO_3 + H^+ + SO_4^{2-} + M^{+2} \rightarrow CaSO_4 + MCO_3 + H_2O; \quad M^{+2} = Pb, Zn, Cd, etc.$$

$$Ca(H_2AsO_4)_2 + 2CaCO_3 \leftrightarrow Ca_3(AsO_4)_2 + 2CO_2 \uparrow + 2H_2O$$

El agua de escorrentía que proviene de materiales circundantes no mineralizados presenta un alto contenido en iones bicarbonato, HCO_3^-. Cuando ésta reacciona con las aguas ácidas se produce una coprecipitación de carbonatos básicos de Fe, los cuales retienen cantidades variables de elemento traza.

$$HCO_3^- + H^+ + FeSO_4 \rightarrow Fe_2\ CO_3(OH)_2 + SO_4^{2-} + H^+$$

El elemento soluble puede reaccionar con HCO_3^- :

$$HCO_3^- + M^{+2} \rightarrow MCO_3\ (s) + H^+\ (aq); \qquad M = Pb, Zn, Cd, etc.$$

4.- MEDIOS RECEPTORES DE CONTAMINACIÓN.

El área de influencia de la Sierra está representada por ramblas y zonas costeras próximas, que han recibido vertidos de estériles mineros en grandes cantidades, concretamente a partir de 1950, cuando la reunificación de las licencias extractivas por una única empresa y la baja riqueza de los minerales propiciaron el inicio de explotaciones a cielo abierto y produjeron un aumento espectacular de la cantidad de estériles, incrementándose los vertidos a los cauces de las ramblas y el arrastre de aportes detríticos tras los periodos de lluvias torrenciales que caracterizan el clima semiárido del sureste de España (Benedicto et al., 2009).

Investigaciones recientes constatan que las zonas criticas mineras, que carecen de proyectos de restauración, provocan contaminación a zonas adyacentes como pueden ser las zonas cultivables (Abad-Valle et al., 2018; Zhao et al., 2019; Aguilar et al., 2020) y zonas costeras Zhen et al 2019; Loess Plateau, China.

En las proximidades del Distrito Minero de Cartagena-La Unión, se han identificado 3 zonas influenciadas por la contaminación generada por las actividades mineras pasadas.

4.1.- Campo de Cartagena.

El Campo de Cartagena, es una unidad hidrogeológica amplia y compleja situada en el sudeste de la Región de Murcia. Se caracteriza geomorfológicamente por su amplia llanura, con una pequeña inclinación hacia el sureste, rodeada, a excepción de la zona litoral, por elevaciones montañosas. Son suelos calizos, de tradición agrícola, con cultivos hortícolas a cielo abierto y en invernaderos, muy favorecidos por la climatología del Mediterráneo.

Estos suelos, que están situados en el área de inundación de las ramblas, presentan unos niveles en metales pesados en ocasiones muy elevados, con una gran dispersión espacial de valores. En el área de alimentación de dichas ramblas, que funcionan con un cauce de agua corto y discontinuo cuando llueve, se reciben grandes aportaciones procedentes de flujos laterales constituidos por materiales pertenecientes a la zona minera (Martínez Sánchez et al., 2017).

En el estudio realizado por Fakher Jabr Mustafa Aukour 2002, se realizó un estudio comparativo de los parámetros de suelos de cultivo que han sufrido aportes de metales pesados y sales solubles con otros suelos que siendo de características edáficas similares no presentan ningún síntoma. Se estudiaron los suelos del Campo de Cartagena y suelos del Norte de Jordania. Los resultados muestran que los suelos de Jordania presentan un mayor grado de conservación de los de Cartagena, sin salinización ni alcalinización elevada, además presentan un contenido en metales muy bajo con respecto a lo suelos de cultivo del Campo de Cartagena.

4.2.- Mar Menor.

La laguna salada del Mar Menor cuenta con numerosas figuras de protección, entre ellas cuenta con *Espacios Protegidos naturales de la Región de Murcia, Espacios Protegidos Red Natura 2000 en la Región de Murcia, Áreas protegidas por Instrumentos Internacionales, Áreas de Protección de la Fauna Silvestre (APF), otras zonas de interés para la conservación (Lugares de Interés Geológico).*

La presencia de residuos mineros con elevado contenido en metales/oides (sobre todo Zn, Pb, Cd, Mn, Fe, Cu y As) en el Mar Menor y su entorno, es bien conocida desde hace décadas tal y como se muestra en el trabajo realizado por Simonneau en 1973, donde se estimó en 25 millones de toneladas la cantidad de residuos mineros presentes en la laguna, llegandose a considerar un yacimiento minero el Mar Menor.

Esta contaminación ha sido estudiada en trabajos realizados por García, C., 2004; Marín-Guirao et al., 2005, 2007; Pérez Ruzafa et al., 2005; Conesa, H.M., et al., 2008; García Lorenzo, M.L., 2009; Martínez Sánchez, M.J. & Pérez Sirvent, C., 2009; Maria Cervantes, A., 2009; Muñoz-Vera et al, 2015, 2016, Martínez López et al., 2019, donde se pone de manifiesto la afección que presenta el Mar Menor por la entrada de EPTs procedentes de las zonas adyacentes de las Sierra Minera de Cartagena-La Unión. En este mismo sentido, se ha pronunciado la reciente promulgación de la Ley 3/2020, de 27 de julio, de recuperación y protección del Mar Menor, donde se concluye que a través de los sistemas de drenaje que constituyen las ramblas, se produce escorrentía o infiltración en el terreno de aguas procedentes de antiguas zonas mineras no restauradas, provocando la llegada de sedimentos y metales pesados a la laguna del Mar Menor.

Un ejemplo, es el trabajo realizado por el grupo de investigación "Contaminación de suelos" para calcular la tasa de movilidad de Arsénico, a través de las ramblas del Beal y Ponce que se muestra en la Figura 4.1. Los resultados muestran que la concentración de As que hay tanto en las cabeceras como en la desembocadura de las ramblas es alta. En la Figura 4.1 se puede observar que existe una atenuación de la contaminación hacia el Mar Menor, debido a la disminución de la solubilidad de los compuestos de arsénico y metales pesados, por sus reacciones con el carbonato cálcico de los suelos carbonatados de las zonas circundantes a las ramblas, además de con compuestos de hierro y otros. Dicha atenuación con carbonatos no tiene lugar en contacto con suelos rojos descarbonatados por lo que en estas zonas aumenta el riesgo de que lleguen concentraciones importantes de arsénico al Mar Menor sin neutralizar.

Figura 4.1.- Mapa de concntración de Arsénico en la cuenca hidrológica de la Rambla del Beal (Mar Menor) (mapa realizado por Mª Carmen Goméz Martínez, 2021).

4.3.- Mar Mediterráneo.

Los impactos sufridos en la vertiente mediterránea por las acciones de la actividad minera llevadas a cabo en la Sierra Minera de Cartagena-La Unión también han sido muy notables. Se estima que 25 Mm^3 de lodos han sido vertidos al Mar Mediterráneo, y se crearon playas artificiales como son la Bahía de Portman con una superficie de 0.8 km^2 y la Bahía del Gorguel con 0.2 km^2 (García Carcía, C., 2004). La problemática que representan estas dos zonas ha sido ampliamente estudiada, especialmente por el grupo de investigación de "contaminación de suelos".

Un ejemplo de este tipo de contaminación es el trabajo realizado por el grupo de investigación "contaminación de suelos" en la Rambla del Gorguel. Esta rambla presenta un cauce seco casi todo el año, debido al clima semiárido de la Región de Murcia, pero cuando llueve, suelen producirse lluvias torrenciales que provocan inundaciones y el arrastre de los materiales de su cauce hasta la Bahía del Gorguel, desembocando en el Mar Mediterráneo. En la Figura 4.2 se muestra la localización de la Rambla del Goguel.

Figura 4.2.- Localización rambla del Gorgel (mapa realizado por Mª Carmen Goméz Martínez, 2021).

En la Figura 4.3. se muestra el resultado de la determinación de As, llevada a cabo en el estudio realizado en la rambla del Gorguel. Para este trabajo se tomaron 8 puntos de muestreo localizados en el cauce de la Rambla. Los tres primeros puntos se tomaron en la zona topográficamente más elevada. Presentan influencia alta de las balsas de estériles mineros situadas a corta distancia y concentración alta de arsénico. Los tres siguientes puentos se localizan en una zona de fuerte pendiente de la Rambla. Se puede observar una atenuación natural de la contaminación de As debido a que son suelon con filitas y cuarcitas con mezcla de calizas, dolomías y en ocasiones también yesos. Finalmente, en la parte topográficamente más baja de la ladera, por la que circula la Rambla, se tomaron otros dos puntos situados en la zona de depósito de la Bahía del Gorguel y donde se determinaron concentraciones muy altas de As (> 6000 mg kg).

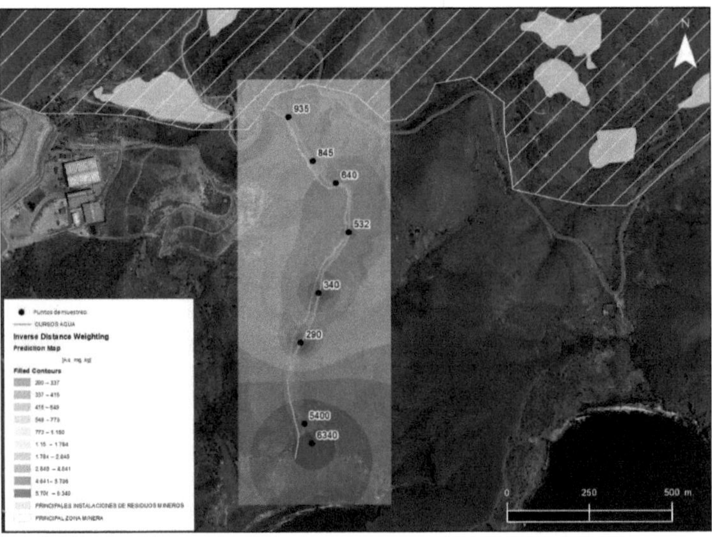

Figura 4.3.- Modelización de la contaminación de As en la Rambla del Gorguel (Mar Menor) (mapa realizado por Mª Carmen Goméz Martínez, 2021).

5.-RESULTADOS ESTUDIO DE CONTAMINACIÓN POR ARSÉNICO EN LA SIERRA MINERA Y SUS ZONAS DE INFLUENCIA.

La investigación que se muestra en este capítulo, se realizó para llevar a cabo una aproximación sintética, al conocimiento general de las principales zonas que se encuentran influenciadas por la actividad minera pasada, desarrollada en el Distrito minero de Sierra Minera La Unión-Cartagena y sus zonas de influencia (Vertiente Mar Menor y Mar Mediterráneo). Para ello se estudió la movilización de arsénico en los suelos con influencia minera así como su transferencia al medio receptor. Para la consecución de los objetivos de este trabajo, se aplicación métodos atómicos avanzados de análisis en los estudios de movilización de arsénico en suelos/sedimentos mineros para el estudio del comportamiento de diferentes reactivos químicos que puedan ser usados en la determinación de la disponibilidad de arsénico en los suelos/sedimentos de mina en diferentes condiciones ambientales naturales o potenciales, y especialmente el bioasimilable por la planta.

Concretamente, se plantearon los siguientes objetivos específicos:

1) Actualización del conocimiento en cuanto al contenido en Arsénico en los materiales de la Sierra Minera (suelos/sedimentos, aguas superficiales y plantas) y sus zonas de influencia.

2) Estudiar el comportamiento geoquímico del Arsénico en relación con los compuestos de Hierro y Manganeso.

3) Formas de Arsénico en el medio.

4) Estudio comparativo de diferentes métodos de extracción in vitro que nos permitan modelizar la cantidad de Arsénico asimilable por la planta.

5) Análisis de la posible transferencia de Arsénico a los sistemas receptores

Para llevar a cabo esta investigación se realizó un diseño de muestreo piramidal (Figura 5.1), ad hoc y en base a información previa del equipo investigador.

Figura 5.1.- Diseño de muestreo piramidal

La **Zona de estudio**, Sierra de Cartagena-La Unión y su zona de influencia minera, aparece delimitada en la Figura 5.2 con la restitución de la red hidrográfica principal, (El Gorguel, Portmán, Miedo, las Matildes, Beal, Ponce, Carrasquilla, se ha incluido en el estudio la Rambla de Miranda que podría ser limítrofe), que puede actuar como vía de dispersión hídrica.

Para la realización de este trabajo se ha dividido la Zona de estudio en tres áreas (Figura 5.2), éstas se subdividen en sectores (Figura 5.3) y en la Figura 5.4 se muestran las Zonas de Muestreo.

El ***Área de estudio 1*** corresponde con la Vertiente Mar Menor. Está formada por 12 zonas de muestreo, que se dividen en 32 puntos de muestreo y éstos a su vez están constituidos por un total de 65 muestras de suelos/sedimentos/plantas/aguas.

La parte central de la Sierra Minera se corresponde con el ***Área de estudio 2.*** Se compone de 16 zonas de muestreo, que se dividen en 31 puntos de muestreo y éstos a su vez están constituidos por 65 muestras de suelos/plantas/aguas.

Área de estudio 3 se corresponde con la Vertiente Mar Mediterráneo. Se compone de 10 zonas de muestreo, que se dividen en 12 puntos de muestreo y estos a su vez están constituidos por 24 muestras de suelos/sedimento/plantas/ agua

En cada una de estas áreas se han considerado diferentes sectores (Figura 5.3), que presentan puntos de interés, y se han seleccionado diferentes **zonas de muestreo** (Figura 5.4) incluyendo varios puntos de muestreo cada una de ellas. Por cada punto de muestreo se tomaron muestras de suelo y planta y/o sedimentos/agua.

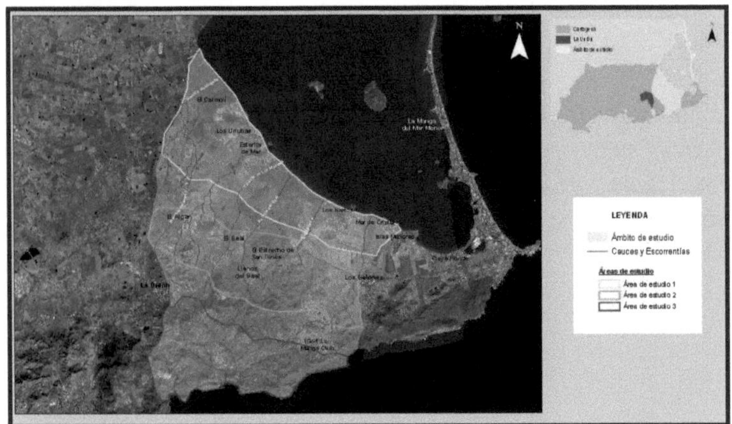

Figura 5.2.- Áreas de estudio.

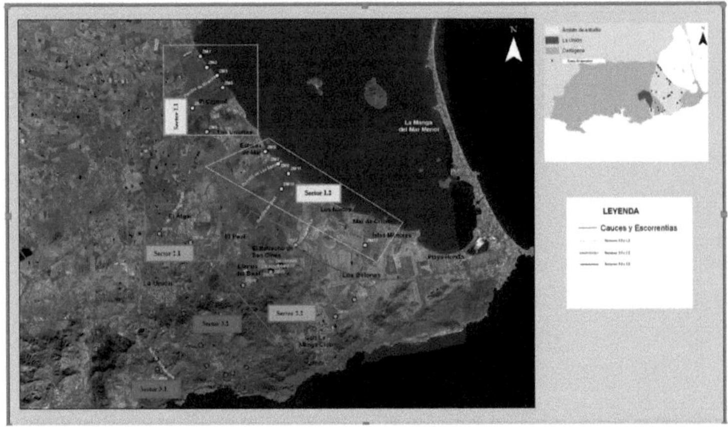

Figura 5.3.- Sectores.

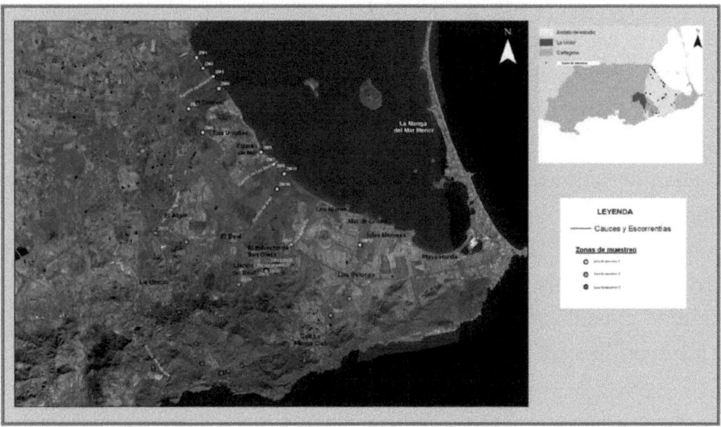

Figura 5.4.- Zonas de Muestreo.

5.1.- Caracterización y contenido en As, Fe y Mn de los materiales.

- **Suelos/ Sedimentos**

- **Características generales de los suelos/sedimentos.**

Se han realizado las determinaciones analíticas para la caracterización de las muestras.

ÁREA 1

Las características generales de la Zona de estudio, queda reflejado en la Figura 5.5. Se trata de un diagrama de caja con bigotes que representa la variabilidad de las características generales de las muestras de suelos/sedimentos en cada una de las Áreas. La línea intermedia corresponde a la mediana, las superiores e inferiores corresponden a los respectivos cuartiles superior e inferior y los denominados bigotes corresponden a los valores extremos de la serie de datos que pueden considerarse todavía normales, y que son los que se alejan del cuartil más próximo en 1,5 veces el recorrido intercuartílico, como máximo. Además, aparecen representados (con un aspa) los valores que se alejan de estos intervalos.

En el Sector 1.1, al Norte de la desembocadura de la Rambla de Miranda, próximo al Mar Menor se encuentran las Zonas de Muestreo ZM1, ZM2 y ZM3, situadas en Fluvisoles calcáricos del abanico aluvial de la Rambla, formados por materiales de arrastre procedentes de los suelos circundantes, fundamentalmente Regosoles calcáricos, Xerosoles cálcicos y petrocálcicos. Es una zona no influenciada por actividades mineras y considerada como una zona de control no contaminada. Presenta valores de pH en agua altos (7.6-9.2), con alto contenido en carbonato cálcico (18-62%), siendo muy escaso el carbonato cálcico activo menor del 1%. En todas las muestras es clara la influencia marina con valores de conductividad elevados (15-23 mS cm^{-1}). Su textura es gruesa en general, va de arenosa a franco-limosa.

Los suelos circundantes a la Rambla del Miedo, son limítrofes con la zona de control. Aún en zonas alejadas de la Sierra Minera, reciben aportes de Antrosoles úrbicos, desarrollados sobre escombreras y balsas de la Sierra. Se han estudiado zonas de inundación casi permanentes (ZM4) en suelos rojos y otras próximas al mar (ZM8), que podrían considerarse de influencia alta y media respectivamente. Los pH de ZM4 son básicos, con muy bajo contenido en carbonatos (total y activo) y contenido en sales muy escaso a juzgar por su baja conductividad. En la desembocadura de la Rambla (ZM8), el pH es básico pero la conductividad es más alta así como el contenido en carbonatos. En ambas zonas de muestreo la textura es gruesa.

Alejados de las zonas de cauce de estas ramblas, y por tanto no influenciados por ellas, se estudia la Zona de Muestreo ZM5, en suelos rojos (Xerosoles lúvicos y luvisoles cálcicos), dedicados en su mayor parte a cultivo. Los pH de estos suelos son básicos (>8), presentando el menor contenido en sales del Área de estudio 1 y con unos porcentajes bajo-medio en carbonatos totales (10-36%) y activo (2-9%).

En el Sector 1.2, se localizan las Zonas de Muestreo ZM6 y ZM7. Son Xerosoles lúvicos, Xerosoles cálcicos y en ocasiones, Luvisoles cálcicos, y en contacto con la zona de Arenosoles que forma la franja costera. Los materiales depositados en la zona de influencia de la Rambla de Las Matildes y del Mar Menor son muestras que presentan unas características generales de materiales que se han mezclado. Su textura es gruesa, de materiales que han sufrido procesos de transporte fluvial y aporte marino, tienen pH básicos y altos contenidos en carbonatos. Presentan altos valores de conductividad eléctrica como sería de esperar dada su influencia marina.

Dentro de ZM6, es de destacar la muestra ZM6Sed; su textura Franco-Limosa y su contenido en carbonato cálcico total y activo, muy bajo y muy diferente al que contienen otras muestras de cauces de ramblas procedentes de la Sierra. Sus características generales son bastante parecidas a los suelos con influencia de la balsa de Lopoyo.

La Zona de Muestreo ZM9 se sitúa en la desembocadura de una de las Ramblas de la Sierra. Los suelos circundantes son similares a los de las zonas anteriores del Sector 1.2. Los sedimentos depositados por esta rambla tienen características físico-químicas diferentes al material existente en balsas y escombreras. Presenta pH básico y carbonatos en su composición, posiblemente esté material está mezclado con sedimentos carbonatados procedentes de los suelos que atraviesa la rambla. Su cercanía al mar hace que el contenido en sales sea alto.

Las Zonas de Muestreo 10 y 11 tienen diferentes fuentes contaminantes: una de depósito potencial de la Rambla del Beal que transporta materiales mineralizados de la Sierra, de forma natural y canalizados, a juzgar por la existencia de antiguas canalizaciones, y otra fuente, de la actual balsa de estériles de Lopoyo. La mayoría, son materiales de textura gruesa que presentan pH entorno a la neutralidad y escaso o bajo contenido en carbonatos. El contenido en sales es bajo y aumenta conforme disminuye la distancia a la franja costera.

ZM11Sed es un sedimento de rambla de textura más fina que los suelos circundantes. Su cercanía al mar hace que el contenido en sales sea muy alto. Su pH ácido y su escaso contenido en carbonatos son propiedades que muestran la influencia directa de la balsa de estériles mineros de Lopoyo.

La Zona de Muestreo ZM12 son muestras tomadas en Sedimentos de la Rambla de Carrasquilla y suelos rojos adyacentes con alta influencia antrópica debido a las transformaciones, que sobre ella se han hecho, para la adecuación de estos suelos para cultivos. Su textura es gruesa, pH neutro y contenido medio en sales. El contenido en carbonatos totales y calcio activo es bajo. En la Figura 5.6 se representan las clases texturales de cada una de las muestras.

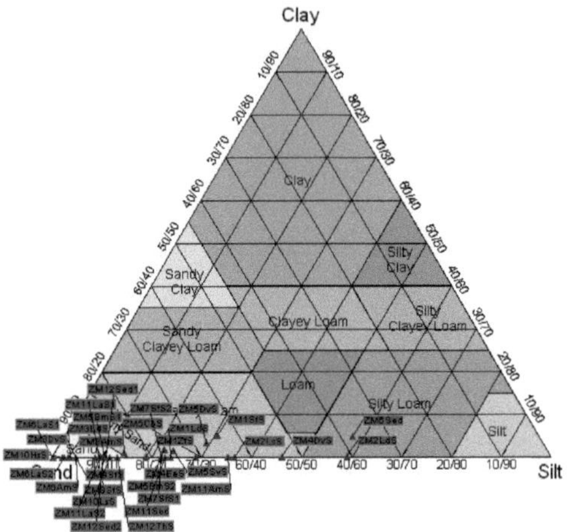

Figura 5.6.- Representación de texturas granulométricas del Área 1.

ÁREA 2

En la Figura 5.5. se resumen las características analíticas generales En el Sector 2.1, localizado entre El Algar y La Unión, en zona de suelos rojos atravesadas por diversas ramblas, se ubica la Zona de Muestreo ZM15 (lecho de Rambla del Miedo), material de textura gruesa, pH básico y bajo contenido en sales y carbonatos y la ZM16 donde las muestras corresponden al lecho y partes adyacentes de la rambla, con textura gruesa a más fina, pH básico, bajo contenido en sales y presenta concentración media-alta en cabonatos (16-23%). El contenido en carbonatos en estas zonas es más alto que el determinado por el Calcímetro de Bernard, dada la existencia de Dolomita cuya determinación es parcial por esta metodología.

En el Sector 2.2, en suelos rojos, atravesados por la Rambla de La Carrasquilla se localiza la Zona de Muestreo ZM13 situada en el cauce de la Rambla, con materiales de textura gruesa y pH básico. El contenido en sales es muy bajo y la concentración en carbonatos es baja (7-14%).

La Zona de Muestro ZM14, aguas arriba de ZM13, y muy próxima a la zona de influencia de los pantanos de la Sierra (pantano de los Lirios), son materiales de textura gruesa, pH básico y bajos contenidos en sales y carbonatos.

En la cabecera de la Rambla de Ponce se localiza la Zona de Muestreo ZM17, de la que se toman muestras en diferentes situaciones topográficas. En el propio cauce ZM17Sed y ZM17OpS de textura gruesa, y más alejados del cauce y aguas arriba ZM17MaS y ZM17FcS. Los pHs, ligeramente ácidos a básicos, aumentan con la distancia al cauce. Bajo contenido en sales y el contenido en carbonatos es muy variable en esta parte de la Rambla, la existencia de Dolomita hace que el contenido en carbonatos sea menor que el que le correspondería, como ya se ha comentado anteriormente.

La Zona de Muestreo ZM18 se sitúa en la parte alta de la Rambla del Beal. Presenta textura Franco-Limosa y bajo contenido en sales y carbonatos. El pH se sitúa en torno a la neutralidad.

En partes altas de la Sierra aparecen diversos materiales de color rojizo (ZM19, ZM20, ZM21 y ZM22). ZM19 y ZM20 tienen pH ligeramente ácido y el resto superior a 7. El contenido en carbonatos aumenta con el aumento en pH. La textura va de Franco-Arenosa a Arenosa.

El resto de zonas de muestreo del Sector 2.2, se encuentran en la parte alta de la Sierra con influencia directa de las balsas cercanas. Son materiales de textura gruesa, pHs ácidos y contenido nulo en carbonatos, a excepción de ZM24DvS donde el pH es básico y el contenido en carbonatos aumenta. En la Figura 5.7 se representan las clases texturales de cada una de las muestras.

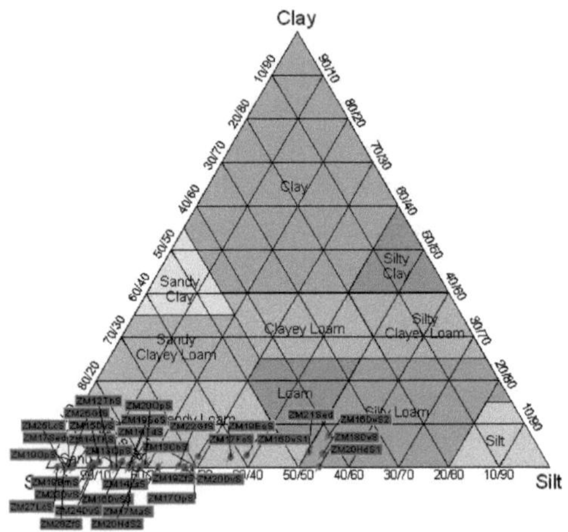

Figura 5.7. Representación de texturas granulométricas del Área 2.

ÁREA 3

En la Figura 5.5. se resumen las características analíticas generales. En el Sector 3.1, en la Rambla que desemboca en la Bahía del Gorguel, en zona sobre esquistos y cuarcitas, con influencia de aguas bicarbonatadas procedentes de suelos calizos circundantes se ubican las Zonas de Muestreo ZM29, ZM30, ZM33 y ZM34. Todas ellas tienen influencia de las balsas de estériles mineros situadas a corta distancia.

La Zona de Muestreo ZM29, se sitúa en la parte topográficamente más baja de la ladera por la que circula la Rambla y en ella se han tomado dos puntos; uno en la zona de pendiente (ZM29DvS) y otra en la zona de depósito con agua encharcada de forma esporádica donde se recoge el sedimento ZM29 Sed. La primera de ellas presenta un pH básico, baja conductividad, escaso contenido en carbonato total y activo y textura Arenoso Fanco. El sedimento (ZM29Sed) presenta características similares excepto el pH en agua muy ácido y próximo al pH en KCl y su textura ligeramente más fina, Franco Limosa.

La Zona de Muestreo ZM34 se encuentra aguas arriba de la anterior (ZM29), presenta un pH básico, trazas de carbonato cálcico, bajo contenido en sales solubles a juzgar por su conductividad eléctrica y textura Arenosa.

En zona topográficamente más elevada, se encuentran las Zonas de Muestreo ZM30 y ZM33. pH básico, ligeramente ácido a ácido (4.5), contenido en sales creciente de 1.4 a 2.4 respectivamente, con muy escaso contenido en carbonatos y textura gruesa (van de Franco Limoso a Arenoso).

En el Sector 3.2, situado en las proximidades de la Bahía de Portmán, se encuentran las zonas de muestreo ZM31 y ZM32, su pH es básico, presentan la conductividad eléctrica más elevada del Área de estudio 3, muy escaso o nulo contenido en carbonato total cálcico y activo. Son materiales de textura Arenosa. Aguas arriba se encuentra la Zona de Muestreo ZM36 con características similares a las anteriores excepto que presenta conductividad más baja.

En zonas topográficamente más elevadas se encuentran las Zonas de Muestreo ZM35 y ZM37, presentan pH y conductividad similares a la anterior, con mayor contenido en carbonato cálcico total y activo.

La Zona de Muestreo ZM38 se encuentra fuera de la zona de influencia minera. Tiene pH básico y alto contenido en carbonatos como corresponde a Fluvisoles calcáricos procedentes del depósito aluvial de materiales calizos y arcillas rojas de descalcificación de los Litosoles calcáricos circundantes. En la Figura 5.8 se representan las clases texturales de cada una de las muestras.

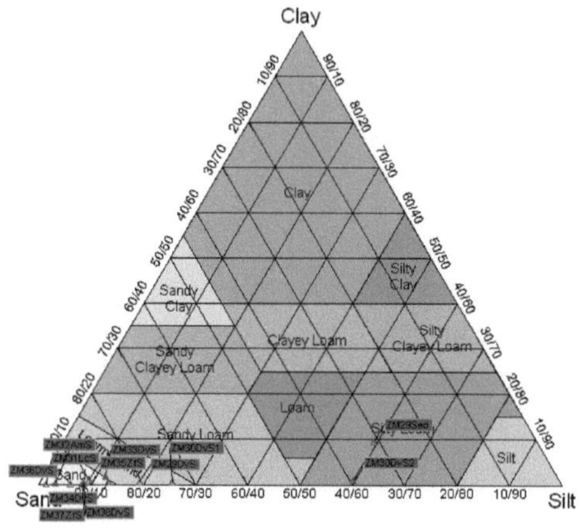

Figura 5.8. Representación de texturas granulométricas del Área 3.

En la Figura 5.5 se puede ver que los valores de pH más altos se dan en el Área 1 y que es el Área 3 donde aparece una mayor dispersión de valores de este parámetro.

La mayor concentración de sales en suelos/sedimentos se da en el Área 1 como consecuencia de la cercanía de ésta al Mar Menor y la consecuente influencia marina.

Según Martínez y Pérez (2007) el contenido en materia orgánica de los suelos de esta Zona es del 2-4%. El valor de mediana de las muestras analizadas se sitúa en torno al 2.5%. Los contenidos en materia orgánica más altos se dan en el Área 1, apareciendo los valores más altos, llegando incluso a superar el 6 %, se corresponden con muestras de rizosferas de zonas donde se ha desarrollado vegetación natural como consecuencia de la estabilización de los materiales.

El contenido en $CaCO_3$ presenta mayor valor de mediana en el Área 1 así como los valores máximos. El % de $CaCO_3$ de los suelos/sedimentos que componen esta área es muy variable como refleja la gran distancia que existe entre la línea superior e inferior que representan los cuartiles superior e inferior respectivamente.

El resto de características generales presentan valores más homogéneos en la Zona de estudio.

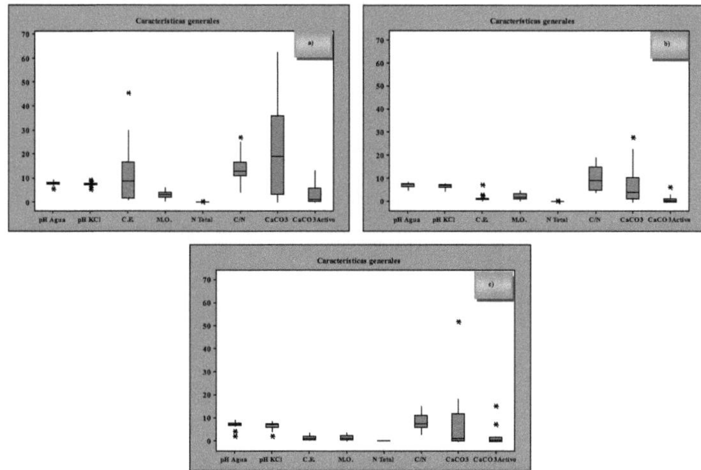

Figura 5.5- Gráfico de comparación múltiple de las características generales de los suelos/sedimentos; a) Área 1, b) Área 2 y c) Área 3.

Características mineralógicas.

ÁREA 1

El análisis de la composición mineralógica realizado mediante fluorescencia de Rayos X (Figura 5.9 y 5.10), muestra que en el Área 1 los componentes mineralógicos más abundantes en las muestras de suelos/sedimentos estudiados son el aragonito, cuarzo, calcita, seguida de filosilicatos 10, el yeso, filosilicatos 7 y 14 y jarosita. En menor proporción aparece dolomita, feldespatos, hematites. Hay que destacar que el aragonito es muy abundante en las muestras con influencia marina, localizadas en la franja costera.

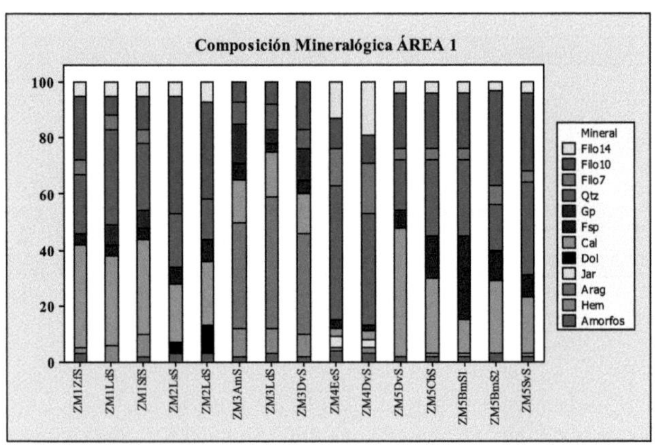

Figura 5.9.- Composición mineralógica del Área 1.

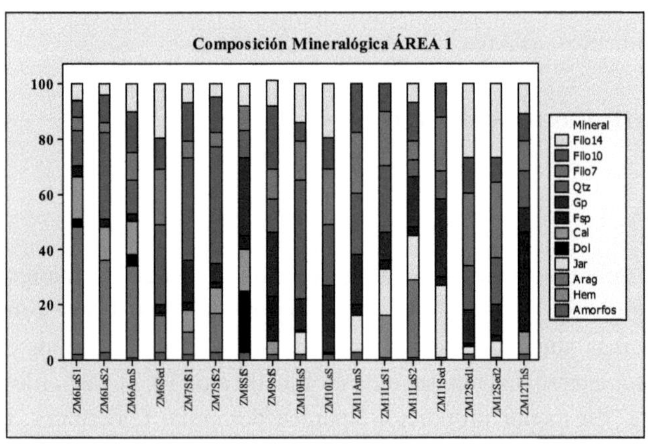

Figura 5.10.- (Continuación) composición mineralógica del Área 1.

Se realizó una matriz de correlación de Pearson (Tabla 5.1) entre las fases minerales identificadas y se puede observar que existen correlaciones significativas como las que se dan entre aragonito y calcita de forma positiva y negativa con cuarzo. Entre yeso y jarosita se establece una correlación positiva, de forma negativa aparecen correlacionados los filosilicatos 14 y 7 con calcita así como los filosilicatos 10 y hematites.

Los suelos/sedimentos con abundante calcita tienen un bajo contenido en filo 14 y filo 7. Los que presentan mayores contenidos en jarosita también tienen altos contenidos en yeso.

Los suelos/sedimentos con más cuarzo tienen menos hematites y aragonito.

Los suelos/sedimentos que tienen filosilicatos a 14 y 7 no tienen a 10 y no tienen carbonatos, en general, no tienen contaminación primaria o secundaria (no contienen jarositas). Tampoco contienen aragonito.

Los que presentan Filosilicatos 10 pueden tener yeso, algo de calcita y dolomita, no tienen aragonito ni hematites. Son xerosoles cálcicos y algunos pueden presentan contaminación terciaria (jarositas).

Parte de los suelos rojos pueden tener contaminación por la presencia de jarositas, yeso y hematites y ausencia de calcita.

Los suelos con más calcita son los que tienen más aragonito, los cercanos a la franja costera con influencia marina (ZM3 y ZM6).

Tabla 5.1.- Matriz de correlación de Pearson entre los constituyentes mineralógicos.

	Filo14	**Filo10**	**Filo7**	**Qtz**	**Gp**	**Fsp**	**Cal**	**Dol**	**Jar**	**Arag**	**Hem**	**Amorfos**
Filo14	**1.000**											
Filo10	-0.424*	**1.000**										
Filo7	0.990**	0.341	**1.000**									
Qtz	0.022	-0.157	-0.112	**1.000**								
Gp	0.074	0.457	0.202	-0.356	**1.000**							
Fsp	-0.276	0.220	-0.289	-0.156	-0.049	**1.000**						
Cal	-0.640**	0.312	-0.637*	-0.210	-0.420	-0.098	**1.000**					
Dol	0.234	0.504	0.371	-0.575	-	0.234	-0.018	**1.000**				
Jar	-0.686	0.265	-0.161	-0.582	0.779*	0.551	-	-	**1.000**			
Arag	-0.346	-0.483	-0.346	-0.773*	-0.296	0.481	0.858*	-	-	**1.000**		
Hem	-0.182	-0.590*	0.480	-0.579*	0.347	-0.410	0.144	-	0.992	0.171	**1.000**	
Amorfos	-0.164	0.266	-0.171	0.397*	-0.108	-0.052	-0.153	0.518	-0.580	-0.136	-0.532	**1.000**
(*) P< 0.05 ; (**)P<0.001												

ÁREA 2

El análisis de la composición mineralógica realizado mediante fluorescencia de Rayos X (Figura 5.11 y 5.12), muestra que en el Área 2 los componentes mineralógicos más abundantes en las muestras de suelos/sedimentos estudiados son akaganeita, filosilicatos 10, cuarzo y jarosita. En menor proporción aparecen feldespatos y minerales de hierro como hematites, siderita y pirita. En esta Área es importante mencionar la aparición de minerales de hierro y la ausencia de aragonito tan abundante en las muestras del Área 1.

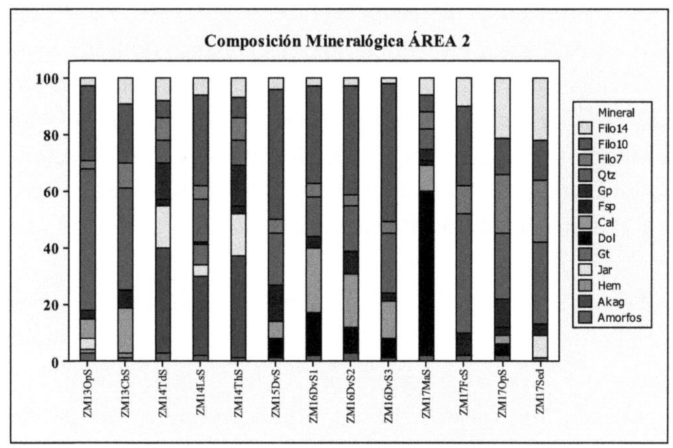

Figura 5.11.- Composición mineralógica del Área 2.

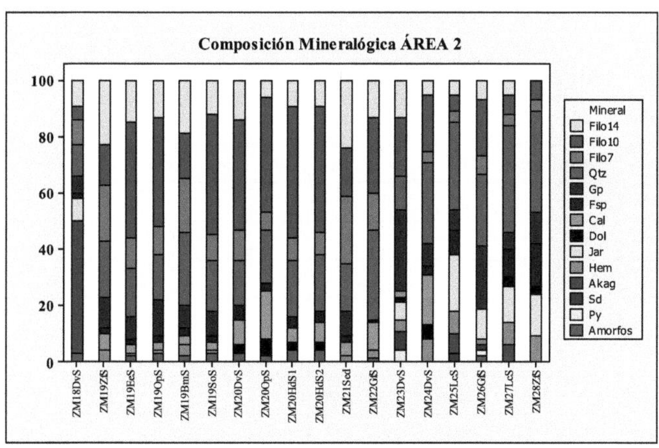

Figura 5.12.- (Continuación) composición mineralógica del Área 2.

La matriz de Correlación de Pearson (Tabla 5.2), realizada con las fases mineralógicas identificadas en las muestras estudiadas, pone de manifiesto que existen correlaciones positivas y significativas estadísticamente entre akaganeita y filosilicatos 14 y 7 y otras como la que se establece entre cuarzo y feldespatos y entre estos últimos con hematites. De forma negativa aparecen minerales correlacionados como calcita con filosilicatos 14 y 7, filosilicatos 10 con jarosita y hematites y cuarzo con akaganeita entre otras.

Como sucedía para el Área 1, los suelos/sedimentos que presentan filosilicatos 14 y 7 no presentan filo 10 ni carbonatos y si gran contenido en akaganeita.

Los que contienen filosilicatos 10 no presentan minerales de hierro como jarositas y hematites.

Los suelos/sedimentos que presentan mayor contenido en cuarzo también contienen feldespatos y hematites y escaso o nulo contenido en akaganeita.

Tabla 5.2.- Matriz de correlación de Pearson entre los constituyentes mineralógicos.

	Filo14	**Filo10**	**Filo7**	**Qtz**	**Gp**	**Fsp**	**Cal**	**Dol**	**Jar**	**Hem**	**Akag**	**Sd**	**Amorfos**
Filo14	**1.000**												
Filo10	-0.219	**1.000**											
Filo7	0.974**	-0.213	**1.000**										
Qtz	-0.057	-0.106	-0.078	**1.000**									
Gp	0.031	0.160	-0.020	-0.179	**1.000**								
Fsp	-0.354	-0.074	-0.361	0.401*	-0.077	**1.000**							
Cal	-0.624*	0.094	-0.545*	0.080	-0.360	0.212	**1.000**						
Dol	-0.222	-0.335	-0.124	-0.519	-0.426	-0.300	0.093	**1.000**					
Jar	-0.210	-0.335*	-0.179	-0.027	-0.540	0.558	-	0.977	**1.000**				
Hem	-0.337	-0.775**	-0.378	0.307	-0.255	0.750*	0.524	0.567	0.798	**1.000**			
Akag	0.949*	-0.002	0.945*	-0.937*	0.430	-0.896*	-	-	-0.441	-	**1.000**		
Sd	0.908	0.383	-	-0.902	0.605	-	-	-	-0.639	0.000	-	**1.000**	
Amorfos	-0.057	0.234	-0.190	-0.160	-0.165	-0.159	-0.260	-0.222	-0.212	-0.589	0.492	-	**1.000**
(*) P< 0.05; (**)P<0.001													

ÁREA 3

El análisis de la composición mineralógica realizado mediante fluorescencia de Rayos X (Figura 5.13), muestra que en el Área 3 los componentes mineralógicos más abundantes en las muestras de suelos/sedimentos estudiados son minerales carbonatados como dolomita y calcita y otros como cuarzo y cilosilicatos 10. En menor proporción aparecen feldespatos y minerales de hierro como hematites, pirita y magnetita. En esta área aparecen minerales nuevos, como greenalita, natrojarosita y magnetita, con respecto a las Áreas comentadas anteriormente.

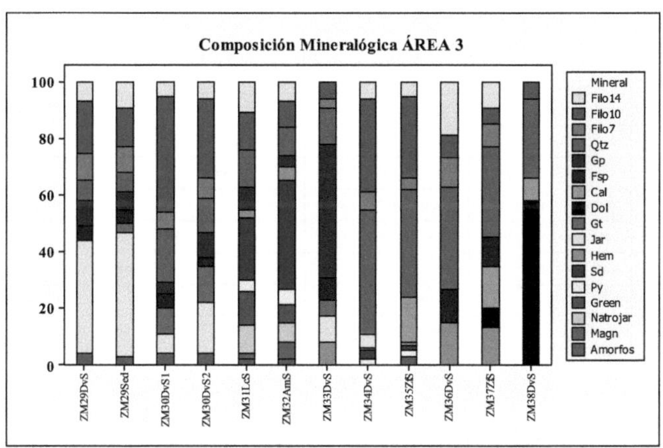

Figura 5.1.3.- Composición mineralógica del Área 3.

La matriz de Correlación de Pearson (Tabla 5.3), realizada con las fases mineralogicas identificadas en las muestras estudiadas, se pueden observar las correlaciones positivas y significativas estadísticamente que se dan entre feldespatos con cuarzo y filo 14, filo 7 con jarosita así como entre siderita con hematites y pirita. De forma negativa aparecen minerales correlacionados como filo 10 con filo 14 así como con hematites y siderita.

En esta Área, también aparecen suelos/sedimentos que presentan contenido en filosilicatos 14 y 7 y no contienen filo 10. Además, pueden contener feldespatos, jarositas y hematites.

Los suelos/sedimentos que presentan filosilicatos 10 no contienen jarosita, hematites, siderita y pirita, pueden contener goethita y calcita.

Los suelos/sedimentos que presentan gran contenido en yeso también suelen contener hematites y feldespatos.

Tabla 5.3.- Matriz de correlación de Pearson entre los constituyentes mineralógicos.

	Filo14	**Filo10**	**Filo7**	**Qtz**	**Gp**	**Fsp**	**Cal**	**Gt**	**Jar**	**Hem**	**Sd**	**Py**	**Amorfos**
Filo14	**1.000**												
Filo10	-0.641*	**1.000**											
Filo7	0.665	-0.283	**1.000**										
Qtz	0.162	0.183	-0.187	**1.000**									
Gp	0.276	-0.461	-0.775	0.097	**1.000**								
Fsp	0.836*	-0.695	0.135	0.848*	0.838	**1.000**							
Cal	-	0.596	-	0.866	-	-	**1.000**						
Gt	-0.795	0.612	-0.117	0.487	-0.223	-0.596	-	**1.000**					
Jar	0.872	-0.467	0.841*	-0.677	-0.426	-0.262	-	-	**1.000**				
Hem	0.761	-0.758*	0.699	0.018	0.881	0.971	-	-	-0.557	**1.000**			
Sd	0.478	-0.956*	-	-0.936	-	-	-	-	-	0.998*	**1.000**		
Py	0.430	-0.946	-	-0.923	-	-	-	-	-	-	0.998*	**1.000**	
Amorfos	-0.603	0.705	0.268	-0.002	0.290	-0.333	-	0.918	-0.631	-0.866	-0.896	-0.866	**1.000**
(*) P< 0.05 ; (**)P<0.001													

- Análisis mineralógico.

Para determinar si existen relaciones significativas entre los datos de la composición mineralógica de las muestras que nos permitan definir grupos dentro de las muestras, se realizóun Cluster c-means. Este análisis se realizó sobre los valores reales de las variables (% de mineral), como medida de similaridad se estableció la distancia euclidea en base a K-medias, 20 interacciones y con una preselección para 2, 3,4 y 5 grupos, obteniéndose los mejores resultados para cuatro grupos. El resultado de asignarle un número de grupo a cada muestra se contrasta con un análisis discriminante lineal.

La matriz de clasificación de Jackknifed obtenida a partir de las funciones de clasificación (Tabla 5.4) nos da un 95 % de aciertos sobre el total de casos en las asignaciones de pertenencia a grupos.

Tabla 5.4.- Matriz de clasificación de Jackknifed.

	1	**2**	**3**	**4**	**% Correcto**
1	24	0	1	2	89
2	0	7	0	0	100
3	0	0	16	0	100
4	1	0	0	23	96
Total	25	7	17	25	95

Los grupos mineralógicos obtenidos se muestran en la Tabla 5.5.

En el grupo 1 existe un equilibrio entre filosilicatos a 14, 10 y 7, suelos poco carbonatados y bastante mineralizados. Son suelos que reciben aportes de material particulado de las balsas próximas (pirita, magnetita, jarosita, hematites) y aguas ácidas del drenaje de mina que al reaccionar con componentes de dichos suelos circundantes forman otros minerales como son yeso, akaganeita, natrojarosita y greenalita.

El grupo 2 está representado por calcita y aragonito fundamentalmente. Son las muestras que mayor influencia marina presentan y los contenidos más altos en aragonito.

El grupo 3 se caracteriza por la presencia de filosilicatos 10, dolomita y amorfos. Se corresponde con la mayoría de suelos rojos presentes en la Zona de estudio y que a su vez contienen escaso o nulo contenido en jarosita.

El grupo 4 está representado fundamentalmente por cuarzo y carbonatos, son materiales de textura más gruesa. Este último grupo está constituido por muestras de suelos de las diferentes Áreas de estudio y todos tienen en común el elevado contenido en cuarzo de su composición mineralógica.

Tabla 5.5. Caracterización de los grupos mineralógicos.

Variable	1	2	3	4
Filo14	11.3	3.9	7.2	7.8
Filo10	12.6	11.0	40.4	16.9
Filo7	12.7	3.8	6.9	7.4
Qtz	15.8	12.3	17.4	34.6
Gp	14.0	6.9	2.1	2.7
Fsp	4.6	3.9	5.1	5.2
Cal	2.1	12.0	11.1	12.1
Dol	3.2	1.0	4.2	3.2
Gt	0.8	0.0	1.0	0.0
Jar	9.6	2.7	0.7	2.2
Arag	0.0	37.3	0.0	1.5
Hem	2.0	3.9	0.2	3.2
Akag	4.7	0.0	1.7	0.2
Sd	2.7	0.0	0.0	0.2
Py	0.6	0.0	0.0	0.2
Green	0.7	0.0	0.0	0.0
Natroj	0.6	0.0	0.0	0.0
Mag	0.3	0.0	0.0	0.0
Amorfos	1.8	2.0	2.7	1.7

El Área de estudio 1 está compuesta fundamentalmente por muestras del grupo 4 y del 1 y algunas del 2, el Área de estudio 2 por muestras del grupo 1 y del 3 y poquitas del 4 y finalmente el Área de estudio 3 está compuesta fundamentalmente por muestras del grupo 1 y del 4 (Figura 5.14).

En este caso en el que existen cuatro categorías o grupos se obtienen tres funciones discriminantes. En la Tabla 5.15 se muestran las puntuaciones de estas funciones para cada variable. El mayor peso es el de F1, representada fundamentalmente por, dolomita, calcita, jarosita, akaganeita y yeso, la variable canónica F2 está representada principalmente por filosilicatos 7 y pirita, mientras que F3 por magnetita, cuarzo, filosilicatos 14 y siderita en sentido inverso.

Área 1	Grupo Mineralógico
ZM2 fS	4
ZM2 LdS	4
ZM1SfS	4
ZM2LvS	3
ZM2 LdS	3
ZM3AmS	2
ZM3 LdS	2
ZM3 DvS	2
ZM4EeS	4
ZM4DvS	4
ZM5DvS	4
ZM5CbS	4
ZM5BmS1	4
ZM5BmS2	3
ZM5SvS	4
ZM6LaS1	2
ZM6LaS2	2
ZM6AmS	2
ZM6Sed	4
ZM7SfS1	4
ZM7SfS2	4
ZM8SfS	1
ZM9SfS	1
ZM10LvS	4
ZM10HsS	1
ZM11AmS	1
ZM11LaS1	1
ZM11LaS2	2
ZM11LaS2	2
ZM11Sed	1
ZM12Sed1	1
ZM12Sed2	1
ZM12TbS	1

Área 2	Grupo Mineralógico
ZM13OpS	4
ZM13CbS	4
ZM14TdS	1
ZM14LvS	3
ZM14TaS	1
ZM15DvS	3
ZM16DvS1	3
ZM16DvS2	3
ZM16DvS3	3
ZM17MbS	1
ZM17FcS	4
ZM17OpS	1
ZM17Sed	1
ZM18DvS	1
ZM192fS	1
ZM19EeS	3
ZM19OpS	3
ZM19BmS	1
ZM19SoS	3
ZM20DvS	3
ZM20OpS	3
ZM20HsS1	3
ZM20HdS2	3
ZM21Sed	1
ZM22GbS	4
ZM23DvS	1
ZM24DvS	4
ZM25LdS	1
ZM26GbS	1
ZM27LdS	4
ZM282fS	4

Área 3	Grupo Mineralógico
ZM29DvS	1
ZM29Sed	1
ZM30DvS1	3
ZM30DvS2	1
ZM31LdS	1
ZM32AmS	1
ZM33DvS	1
ZM34DvS	4
ZM352fS	4
ZM36DvS	4
ZM372fS	4
ZM38DvS	4

Figura 5.14.- Puntos de muestreo y grupos mineralógicos correspondientes.

Se han representado las puntuaciones discriminantes de las muestras sobre el plano de las funciones discriminantes (Tabla 5.6). Se observa que el grupo 2 es el más independiente de todos. El grupo mineralógico 1 está influido por la función discriminante 2, el grupo 2 por la función discriminante 1, el grupo 3 está influido por la función discriminante 3 (pero no de forma tan clara como los anteriores) y el grupo mineralógico 4 por la función discriminante 3.

Tabla 5.6.- Funciones discriminantes canónicas estandarizadas.

Variable	F1	F2	F3
Filo14	2.077	1.262	1.588
Filo10	2.195	0.279	1.336
Filo7	1.655	1.785	0.451
Qtz	2.127	1.805	2.510
Gp	2.172	1.624	1.277
Fsp	1.846	1.425	1.221
Cal	2.809	2.262	2.395
Dol	3.048	1.952	1.987
Gt	0.593	0.679	0.437
Jar	2.624	2.026	1.731
Arag	2.011	0.627	0.628
Hem	1.098	0.468	0.756
Akag	2.565	1.700	1.695
Sd	-0.512	-0.591	-4.528
Py	0.711	1.678	1.331
Green	1.235	0.884	1.558
Natroj	.	.	.
Mag	1.653	0.780	3.799
Amorfos	.	.	.

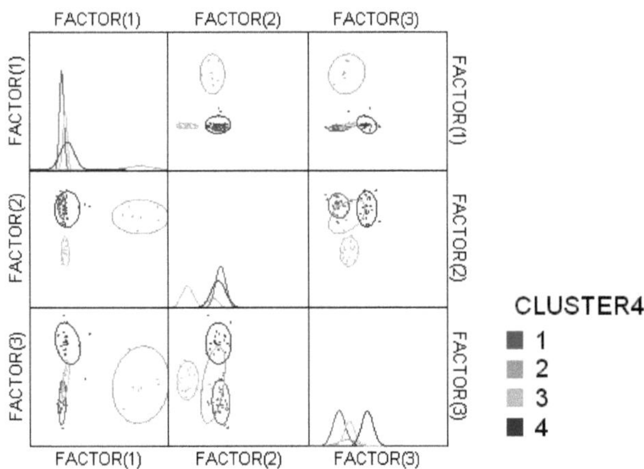

Figura 5.15.- Representación de las puntaciones canónicas para las muestras.

Contenido total en elementos traza (As, Fe y Mn) en suelos/sedimentos.

ÁREA 1.

El resumen estadístico del contenido en elementos traza analizados se muestran en la Figura 5.16

El Sector 1.1, la franja costera afectado por la Rambla de Miranda se encuentra limpio de toda influencia, con unos valores de elementos traza muy bajos, similares a los encontrados en los suelos de cultivo del Campo de Cartagena. En la zona de influencia de la Rambla del Miedo, existen puntos con niveles elevados de elementos que pueden ser considerados como pequeños focos de dispersión (ZM4 y ZM8). Los suelos rojos de la Zona de Muestreo (ZM5) no presentan contaminación procedente de la Sierra Minera.

En el sector 1.2, junto al Mar Menor e influenciada por una de las Ramblas de la Sierra, y lejos de la balsa de Lopoyo, se encuentra la Zona de Muestreo (ZM9), con niveles de concentración de As similares a ZM8, las concentraciones de Fe y Mn son más altas.

Situadas en el cauce de la Rambla de las Matildes se encuentran las Zonas de Muestreo (ZM6, ZM7). En el cauce de la Rambla la contaminación es más alta (ZM6 Sed), mientras que en las zonas de inundación es contaminación terciaria.

Las Zonas de Muestreo (ZM10, ZM11) localizadas en la Balsa de Lopoyo, y con influencia de la Rambla del Beal, poseen altos contenidos en elementos traza totales e influencia minera alta.

Las muestras (ZM12) de la Rambla de Carrasquilla presentan influencia media-baja de la Sierra Minera, con un contenido medio en As y alto en Fe y Mn.

Dependiendo de la localización de los suelos/sedimentos se puede establecer un gradiente de concentración de arsénico como el de la Figura 5.17

[As]

Balsas de Lopoyo y sus zonas de influencia

Zonas de encharcamiento de la Rambla del Miedo

Cauce de la Rambla de Carrasquilla

Cauce de la Rambla de las Matildes

Fluvisoles con influencia de la Rambla de las Matildes

Suelos Rojos alejados de cauce de ramblas

Rambla de Miranda (Zona control)

Figura 5.17.- Gradiente de concentración de As en suelos/sedimentos del Área de estudio 1.

ÁREA 2

Los resultados obtenidos ponen de manifiesto que el Sector 2.1 no presenta contaminación por los elementos traza analizados en los suelos situados al sureste del Algar. El tramo de Rambla del Miedo comprendido entre la Unión y El Algar tiene contenidos más altos.

En el Sector 2.2, en la Zona de Muestreo ZM13 hay que diferenciar la zona del cauce, que presenta niveles medios, y los suelos circundantes (ZM13CbS) con niveles muy bajos.

Los suelos analizados de la cabecera de la Rambla de Carrasquilla (ZM14) presentan influencia minera alta de la Sierra dado que transporta sedimentos de la balsa de los Lirios hasta el Mar Menor.

El lecho de Rambla de Ponce (ZM17Sed) presenta niveles más altos de elementos traza que los suelos de alrededor. Estos suelos presentan influencia directa y alta de la Sierra. Los contenidos en As son similares a los encontrados en los suelos analizados en la parte alta de la Rambla (ZM20, ZM21 y ZM22).

La parte alta de la Rambla del Beal (ZM18) presenta influencia directa de las fuentes contaminantes de la Sierra con altos contenidos en As, Fe y Mn.

Las Zonas de Muestreo ZM19, ZM20, ZM21 y ZM22, situadas en la parte alta de la Sierra Minera, presentan altos contenidos en As, Fe y Mn a excepción de ZM20DvS y ZM20Op que aunque se mantiene alta la concentración de Mn, As y Fe se presentan en concentraciones más bajas.

Las Zonas de Muestreo, (ZM23, ZM24, ZM25, ZM26, ZM27 y ZM28) presentan las concentraciones de As y Fe más altas de esta área de estudio.

El resumen estadístico del contenido en elementos traza analizados se muestran en la Figura 5.16

ÁREA 3

En las zonas topográficamente más elevadas y próximas a las balsas de la zona del Gorguel (sector 3.1) se encuentra los contenidos más elevados en As total (ZM33). Valores muy altos se encuentran también en el Sector 3.2 en el depósito de la Bahía de Portmán (ZM31 y ZM32) y así como los de Fe y Mn. Contenidos medios altos se encuentras las Zonas de Muestreo 30, 35,36 y 37 en función de su distancia a las balsas de estériles y situación de mayor o menor pendiente.

Los suelos de la ZM38 presentan muy bajo contenido en As, si bien su contenido en Fe es elevado (15.11%) y medio en Manganeso.

El resumen estadístico del contenido en elementos traza analizados se muestran en la Figura 5.16

Si se compara la concentración de los elementos traza estudiados, de las tres Áreas de la Zona de estudio (Figura 5.16), se aprecia que es en el Área 1 donde se da la menor concentración media tanto de As como Fe y Mn con respecto al resto de Áreas.

Es en el Área 3 donde As y Fe alcanzan los valores medios más altos de concentración, para el Mn se da en el Área 2.

Los valores mínimos de concentración de As, Fe y Mn aparecen en suelos/sedimentos del Área 1 y los máximos se dan en el Área 3 para As y Fe, en el caso del Mn es en el Área 2.

As y Fe presentan patrones de concentración similares en los suelos estudiados y son diferentes al Mn especialmente en el Área 2.

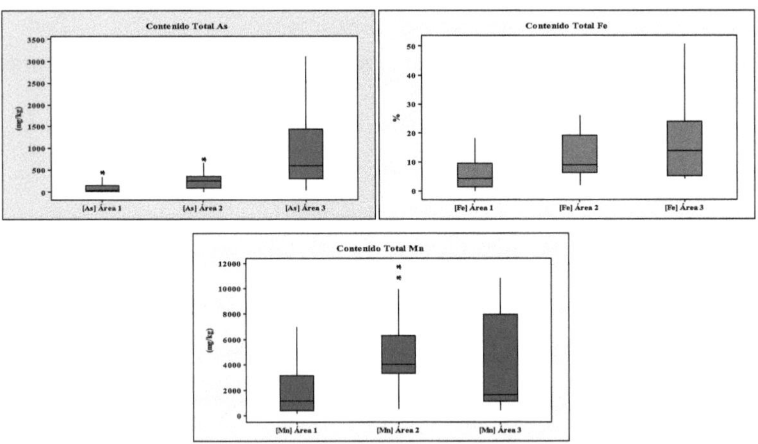

Figura 5.16.- Gráficos de comparación múltiple del contenido en elementos traza de la Zona de estudio.

- <u>Relación entre la concentración de As, Fe y Mn en suelos/sedimentos.</u>

Para estudiar la relación entre la concentración de dos elementos traza en el suelo, en la zona de estudio, se realizóun contraste de independencia. Para ello se formulan dos hipótesis;

Las hipótesis a contrastar son:

H0 = las variables X e Y son independientes.

H1= las variables X e Y son dependientes.

Pvalor > α se acepta la hipótesis H0

Pvalor ≤ α se acepta la hipótesis H1

En concreto las variables que se estudian son:

X= Presencia de "elemento traza 1" en suelo.

Y= Presencia de "elemento traza 2" en suelo.

Para llevar el contraste de independencia se utiliza Chi-Square Test;

- cuando Pvalor es ≤ α para un nivel de significación de α= 0.05 ó 0.01, se acepta la hipótesis alternativa, es decir, la concentración de "elemento traza 1" y la concentración de "elemento traza 2" en suelo son variables dependientes.

- cuando Pvalor es > α para un nivel de significación de α= 0.05 ó 0.01, se acepta la hipótesis nula, es decir, la concentración de "elemento traza 1" y la concentración de "elemento traza 2" en suelo son variables independientes.

Los resultados obtenidos con el Test de Chi-Square se muestran en la Tabla 5.7. Los valores de Pvalor obtenidos (Pvalor = 0.000) para las Áreas de estudio 1 y 3 ponen de manifiesto que para un nivel de significación de α= 0.05 ó α= 0.01 existe relación de dependencia entre los elementos traza estudiados; As-Fe, As-Mn y Fe-Mn. En el Área 2 también se establece relación de dependencia entre As y Fe pero Mn muestra un comportamiento diferente en estos suelos/sedimentos, tanto para As como para Fe el Pvalor obtenido es mayor que α para un nivel de significación α= 0.01. Por tanto, en el Área 2 la concentración de Mn con la de As ó Fe son independientes y aumentos en la concentración de Mn no se traducen en aumentos de concentración de As ó Fe.

Tabla 5.7.- Resultados de Test de Chi-Square.

	ÁREA 1			**ÁREA 2**			**ÁREA 3**		
	As-Fe	**As-Mn**	**Fe-Mn**	**As-Fe**	**As-Mn**	**Fe-Mn**	**As-Fe**	**As-Mn**	**Fe-Mn**
Pvalor	0.000	0.000	0.000	0.000	0.02	0.02	0.000	0.000	0.000
Chi-cuadrado	87.85	2874.31	77.69	80.78	305.81	305.81	294.21	3696.96	395.67
GL	31	31	31	30	30	30	11	11	11

- Relación entre la concentración de As, Fe y Mn en suelos/sedimentos, características generales de los mismos, granulometría y composición mineralógica.

Los resultados obtenidos, tras llevar a cabo la correlación de Pearson entre la concentración de As, Fe y Mn en suelos/sedimentos, granulometría, mineralogía y características generales de los mismos, muestran que, a excepción del Mn en el Área de estudio 2, los tres elementos traza estudiados aparecen correlacionados de forma positiva lo que muestra la relación de dependencia que entre ellos se establece para esta Zona.

La concentración de As, Fe y Mn, en los suelos/sedimentos de la Zona de estudio, es mayor cuanto menor es el valor de pH y el contenido en carbonatos de los mismos.

La C.E. afecta a los contenidos en As (en las Áreas 2 y 3) y Fe (Área 2) de forma que, cuanto mayor es el contenido en sales mayor es la concentración de estos elementos en suelos/sedimentos.

Con respecto a la textura, solamente en el Área 2 aparecen correlaciones significativas de forma que las mayores concentraciones de As y Fe se dan en suelos de textura más gruesa.

En el Área 1, las mayores concentraciones de elementos traza se dan en suelos/sedimentos que presentan filosilicatos 14 y 7 y yeso y bajo contenido en filo10, calcita y aragonito en su composición mineralógica.

Las mayores concentraciones de As y Fe, en el Área 2, aparecen en suelos/sedimentos que contienen filo 14, yeso y hematites en su composición mineralógica y a su vez presentan bajo contenido en filo 10 y akaganeita. La concentración de Mn es mayor en suelos con bajo contenido en feldespatos.

Los tres elementos traza estudiados alcanzan las concentraciones más altas en los suelos/sedimentos del Área 3 cuando éstos presentan siderita y pirita en su composición mineralógica y bajo contenido en amorfos.

➢ ***Plantas.***

Las plantas son importantes componentes de los ecosistemas debido a que transfiere elementos desde el ambiente abiótico al biótico (Chojnacka et al., 2005).

La biodisponibilidad de los elementos para las plantas depende de muchos factores asociados al suelo y las condiciones climáticas, genotipo y comportamiento agronómico de la planta, incluye: la actividad/inactividad de los procesos de transferencia, secuestro y especiación, estados redox, el tipo de sistema de raíz y la respuesta de las plantas a los elementos en relación con los ciclos estaciones (Chojnacka et al., 2005).

La disponibilidad, toxicidad y respuestas de las plantas al estrés por elementos traza están determinados por numerosos factores: el tipo y composición del suelo, las características de las sustancias orgánicas e inorgánicas y su poder quelatante, el valor y márgenes de pH, el estado redox y la especiación química, además de las interacciones suelo-planta de la rizosfera. Actualmente existe bastante incertidumbre sobre la especificidad de los mecanismos de absorción de la planta, sobre todo en el caso de elementos no esenciales. Uno de los síntomas más característicos de la toxicidad por elementos traza es la reducción del crecimiento radicular. Se producen cambios estructurales y metabólicos que dan lugar a variaciones en la regulación del balance de distribución de los elementos asimilados entre los distintos órganos de la planta, originando un fuerte desequilibrio en el balance de nutrientes y sus interacciones. Estos desequilibrios presentan gran variedad de modelos, con correlaciones tanto sinérgicas como antagónicas, según los elementos (Kabata-Pendias y Pendías, H, 1992).

La concentración de arsénico en las partes comestibles de la planta depende de la disponibilidad de este elemento traza en el suelo y de la capacidad de la planta de tomar el arsénico y desplazarlo a sus tejidos. La disponibilidad del arsénico en suelo se determina por las características del suelo así como su composición mineralógica, contenido en materia orgánica, pH, potencial redox y contenido en fosfato. Las inundaciones del suelo generalmente incrementan la disponibilidad del arsénico, mientras el incremento en el potencial redox de los suelos inundados, generalmente, reduce la disponibilidad del arsénico para las plantas. Debido a la fuerte adsorción por Fe, Mn, óxidos e hidróxidos de Al y arcillas, la disponibilidad de arsénico en los suelos es generalmente baja (Huang et al., 2006).

Los contaminantes del suelo pueden ser transferidos a la solución del suelo, haciéndose disponibles para las raíces. En áreas contaminadas, la transferencia de elementos tóxicos del suelo a la planta es de gran importancia (Chojnacka et al., 2005).

- **Contenido total de elementos traza (As, Fe y Mn) en plantas.**

Los resultados obtenidos muestran que en el Área de estudio 3, la concentración de As en planta alcanza los mayores valores de mediana. Los mínimos valores se dan en el Área 1. La concentración máxima de As en la parte aérea y subterránea de la planta se registra en el Área 1 y 3 respectivamente.

El valor de mediana de la concentración de Fe en planta es muy similar en las tres Áreas así como los valores máximos y mínimos.

Con respecto a la concentración de Mn en plantas, se da una mayor variabilidad entre las Áreas de estudio. La mediana más alta en hoja se da en el Área 2 mientras que para la raíz se registra en el Área 3 y las más bajas en el Área 1, como ocurre para el As. Tanto las concentraciones máximas como mínimas de Mn en planta se localizan en el Área 2.

- *Relación entre contenido total de elementos traza en plantas y suelos, propiedades del suelo y mineralogía.*

Se obtiene una correlación positiva entre el contenido de As en suelo con la planta en las tres áreas. Esta relación se observa en la Figura 5.18, donde se representa el contenido de As de los suelos frente al contenido en las hojas y la Figura 5.19, que representa el contenido de As de los suelos frente al contenido en las raíces en la zona de estudio. En ambas se ve una gran dispersión de puntos y al no existir un buen ajuste a la línea de regresión se puede decir que la [As] en planta es ligeramente sensible a aumentos de [As] en suelo.

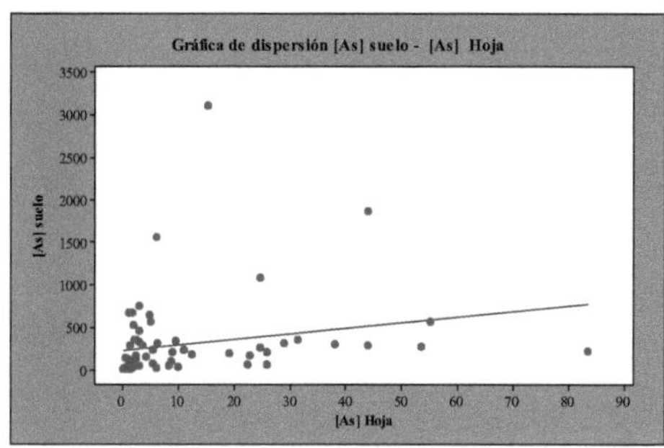

Figura 5.18.- Gráfica de dispersión [As] Suelo - [As] Hoja.

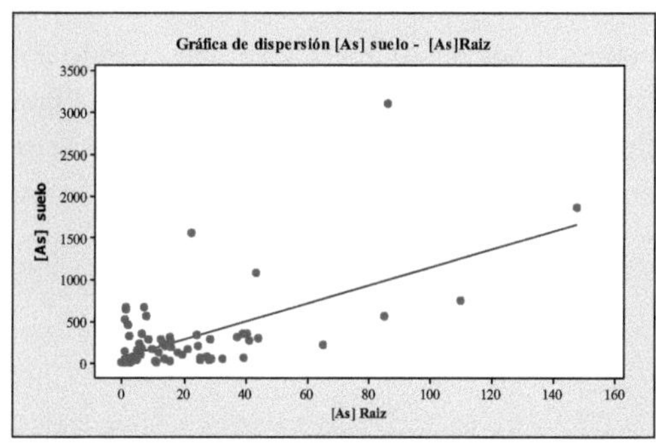

Figura 5.19.- Gráfica de dispersión [As] Suelo - [As] Raíz.

La Figura 5.20 muestra el contenido de As en Hoja frente al contenido en Raíz. Aunque se refleja una gran dispersión de puntos, el valor de correlación obtenido para la concentración de As entre la parte aérea y subterránea de la planta es muy alto y significativo estadísticamente lo que significa que la [As] en hoja es sensible a aumentos de [As] en Raíz.

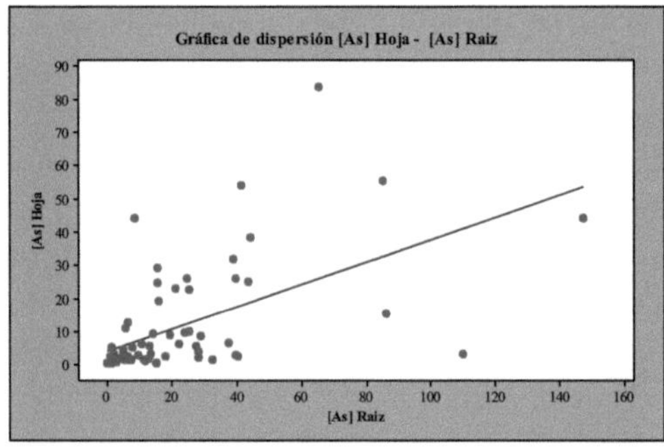

Figura 5.20.- Gráfica de dispersión [As] Hoja- [As] Raíz.

Arsénico en *Dittrichia viscosa* (L).

Dittrichia viscosa (L). Es la especie con mayor número de ejemplares en este trabajo debido a que es muy común y abundante en áreas que han sido modificadas y alteradas por el desarrollo de actividades antrópicas como la minería.

Las mayores concentraciones de As en raíz se dan cuando aparecen las mayores concentraciones en As en suelo. Como se observa en la Figura 5.21, aunque no exista un ajuste lineal de los puntos a la recta perfecto si se observa que esta especie es muy sensible a aumento de concentración de As cuando éste aumenta en suelo.

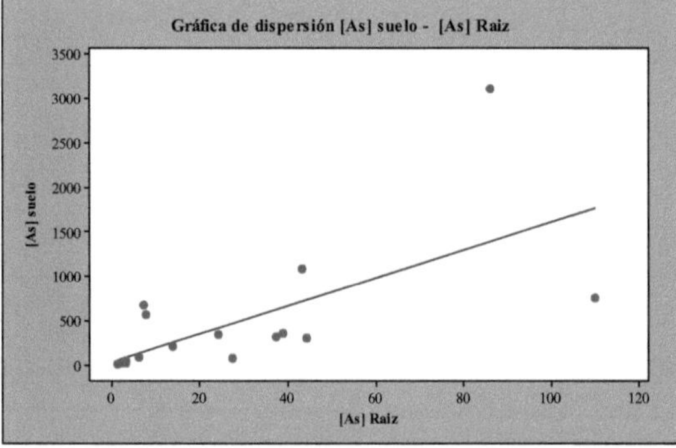

Figura 5.21.- Gráfica de dispersión [As] Suelo - [As] Raíz en *Dittrichia viscosa.*

Es de destacar que, el ejemplar encontrado en ZM34, desarrollado en un suelo con concentración media en As, presenta altas concentraciones en sus tejidos. La presencia de minerales como Pirita y Siderita puede justificar un suministro de As asimilable a la planta. Por otra parte, los ejemplares que más As contienen en sus tejidos aparecen en ZM23 y ZM33, suelos con Yeso, mineral producto de alteración secundaria en zonas mineras y que concentra estos elementos.

El pH y el contenido en carbonatos totales del suelo se correlacionan de forma negativa con el contenido total de As encontrado en los tejidos de esta planta.

La concentración de As entre la parte aérea y subterránea no presenta un ajuste lineal como se aprecia en la Figura 5.22. Por tanto, aunque se produzca transferencia de As a la raíz de la planta desde su sustrato, no existe riesgo potencial de que este elemento entre en la cadena alimentaria, dado que no lo transfiere y acumula en sus partes comestibles en grandes cantidades.

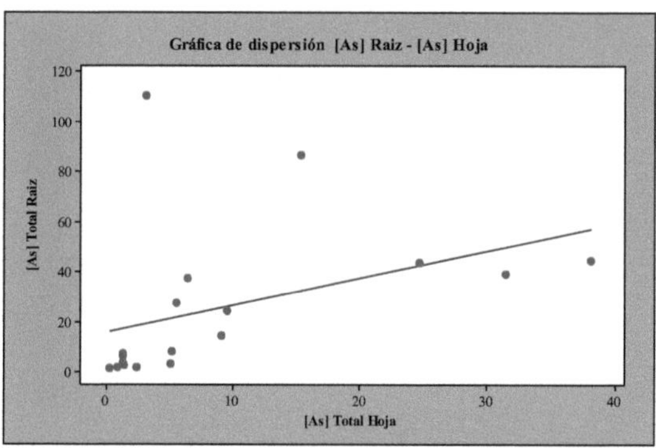

Figura 5.22.- Gráfica de dispersión [As] Raíz - [As] Hoja en *Dittrichia viscosa.*

Lo comentado para esta especie vegetal se refleja en la Figura 5.26. Se trata de una imagen de microscopia electrónica (SEM) donde se observa, en primer lugar, el transporte de Arsénico que se produce en el interior del xilema de la raíz de la planta. Las espirales que aparecen en la imagen son fibras, representan células muertas del xilema transformado. En el espectro analizado se puede observar como aparecen otros elementos como oxigeno, cloro, carbono y potasio en grandes proporciones.

En la imagen de la Hoja (Figura 5.23) se observa que a pesar de haber existido un transporte activo de As desde el sustrato a la raíz éste no se acumula en la parte verde de la planta. Se observa un estoma donde se produce una corriente transpiratoria, es el lugar donde se da el intercambio de vapor de agua y oxigeno. La composición del espectro es similar a la de la raíz aunque también aparece el Sodio a pesar de no ser un elemento funcional para la planta.

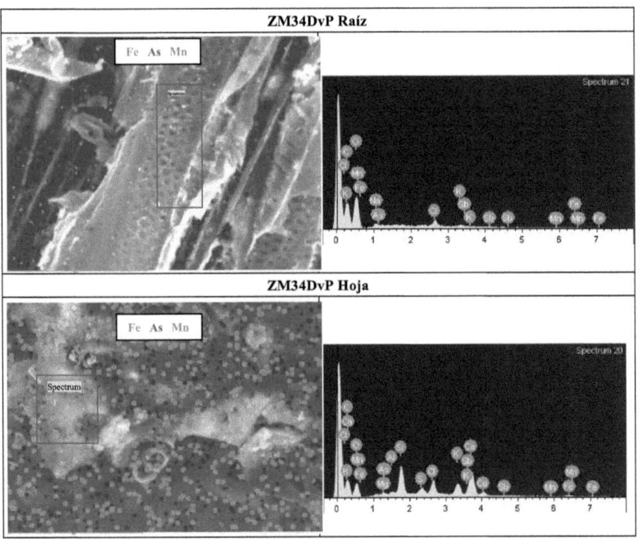

Figura 5.23.- Imagen Microscopia Electrónica (SEM) *Dittrichia viscosa.*

➢ Aguas.

Para los materiales sólidos de la superficie de la Tierra, el agua es el principal agente de desgaste y responsable de la liberación de elementos químicos de las rocas, así como de los cambios químicos en el suelo, sedimentos y vegetación. Sin embargo, el agua de escorrentía es también el medio transportador químico que controla la composición de la materia disuelta en ella, en cantidades normalmente por debajo del 1%. La hidrogeoquímica del agua de escorrentía, se considera dentro del ciclo hidrológico global y se determina no solo por el substrato sólido sino por el clima y los fenómenos climáticos relacionados así como la vegetación de la zona. Los patrones de precipitaciones y temperatura son de particular importancia, pero no solo los actuales, sino también los pasados. La topografía también juega un importante papel en la relación entre el agua superficial y el agua subterránea porque las montañas son principalmente áreas de infiltración de lluvia y nieve.

Determinados análisis llevados a cabo por FOREGS Geochemical Baselines, en el muestreo del agua superficial a escala europea, ponen de manifiesto las diferencias que existen en la distribución espacial. La mayoría de los patrones aparecen menos controlados por la geología y más por los parámetros climáticos relacionados así como las precipitaciones, la temperatura, la acidez y la materia orgánica, en combinación con la topografía y la distancia al océano.

Para la caracterización química de las aguas de escorrentía de este trabajo los parámetros que se han utilizado han sido el pH, C.E., así como los iones solubles en ellas.

- **Características generales de las aguas.**

El valor de pH medio, de las aguas estudiadas, se sitúa en torno a 5.5. No obstante aparecen muestras como ZM17A, ZM18A, ZM21A y ZM29A (Tabla 5.8) que son aguas con pH bajo (próximo a 2). Estas aguas transportan en disolución un alto número de elementos traza. Por otro lado, aparecen muestras como ZM5A con un valor muy alto, este pH tan básico del agua superficial pudiera ser relacionado con la actividad biológica de la misma.

La amplia gama de conductividad eléctrica presentada en las muestras analizadas (Tabla 5.15) refleja las diversas fuerzas iónicas y los sólidos totales disueltos. El valor medio de C.E. oscila en torno a 10.5 mS/cm.

Tabla 5.8.- pH y C.E. de las aguas analizadas.

	pH	C.E. (mS/cm)
	ZONA 1	
ZM5A$_{\mathbf{Superficial}}$	9.05	5.37
ZM6A $_{\mathbf{Superficial}}$	7.04	12.86
ZM7A$_{\mathbf{Superficial}}$	7.27	18.86
ZM8A$_{\mathbf{Superficial}}$	6.56	30.40
ZM9A$_{\mathbf{Superficial}}$	6.76	21.71
	ZONA 2	
ZM15A$_{\mathbf{Superficial}}$	7.18	1.61
ZM17A$_{\mathbf{Agua\ Poro}}$	5.32	4.18
ZM17A$_{\mathbf{Charco}}$	3.97	4.67
ZM18A$_{\mathbf{Superficial}}$	2.24	11.96
ZM21A$_{\mathbf{Charco}}$	2.93	2.19
	ZONA 3	
ZM29A$_{\mathbf{Charco}}$	2.42	2.07
	Estadística	
Q0	2.2	1.6
Q1	3.4	3.2
Q2	6.6	5.4
Q3	7.1	15.9
Q4	9.1	30.4
Desv.Est	2.3	9.6

- **Iones solubles de las aguas.**

Los cloruros y los sulfatos son los aniones predominantes en las aguas estudiadas (Tabla 5.9). El contenido en nitratos en la mayoría de las aguas es bajo lo que puede explicarse por la limitada actividad agrícola en los alrededores.

Salvo en las aguas ZM8 y ZM18, donde se produce un enriquecimiento de magnesio, los cationes dominantes son sodio y calcio (Tabla 5.10). También aparece potasio pero en menor proporción que los dos anteriores.

Tabla 5.9.- Aniones solubles.

	ANIONES SOLUBLES (mg L^{-1})					
	Fluoruro	**Cloruro**	**Nitrito**	**Bromuro**	**Nitrato**	**Fosfato**
			ÁREA 1			
ZM5A$_{Superficial}$	0.5	1232	0	9	0	0
ZM6A $_{Superficial}$	0	3710	29	33	212	0
ZM7A$_{Superficial}$	2	6357	53	85	194	0
ZM8A$_{Superficial}$	5	11276	121	158	20	0
ZM9A$_{Superficial}$	0	7627	80	108	10	0
			ÁREA 2			
ZM15A$_{Superficial}$	0.5	223	0	2	7	32
ZM17A$_{Agua\ Poro}$	0	41	1	4	14	0
ZM17A$_{Charco}$	1	40	2	5	8	0
ZM18A$_{Superficial}$	3	69	0	45	7	0
ZM21A$_{Charco}$	1	15	1	4	5	0
			ÁREA 3			
ZM29A$_{Charco}$	1	9	0	3	4	0

Tabla 5.10.- Cationes soluble.

	CATIONES SOLUBLES (mg L^{-1})					
	Litio	**Sodio**	**Amonio**	**Potasio**	**Calcio**	**Magnesio**
			ÁREA 1			
ZM5A$_{Superficial}$	0	942	0	118	130	159
ZM6A $_{Superficial}$	0	2709	0	33	854	637
ZM7A$_{Superficial}$	0	5054	0	49	1064	768
ZM8A$_{Superficial}$	0	7410	0	105	959	2421
ZM9A$_{Superficial}$	0	5276	0	71	1091	950
			ÁREA 2			
ZM15A$_{Superficial}$	0	312	0	25	125	59
ZM17A$_{Agua\ Poro}$	0	68	0	68	521	425
ZM17A$_{Charco}$	0.4	74	0	42	573	380
ZM18A$_{superficial}$	0	39	0	576	562	1267
ZM21A$_{Charco}$	0	51	0	29	189	41
			ÁREA 3			
ZM29A$_{Charco}$	0	42	0	24	152	36

El diagrama de Piper o diagrama trilineal se ha generado dibujando las proporciones (en equivalentes) de los cationes mayores [Ca, Mg, (Na + K)] en un diagrama triangular, las proporciones de los aniones mayores (alcalinidad, cloruro, sulfato) en otro, y combinando la información de los dos triángulos en un cuadrilátero. A cada vértice de un triangulo le corresponde el 100% de un catión o un anión expresados en meq/l (Figura 5.24).

En la Figura 5.24 se puede observar que las aguas se dividen en dos grupos hidrogeoquímicos:

- Aguas cloruradas-sódicas: se corresponden con las muestras incluidas dentro del círculo rojo. Son aguas de influencia marina de facies cloruro-sódicas.

- Aguas sulfatadas, cálcicas y magnésicas: se corresponden con las muestras incluidas dentro del círculo verde. Son soluciones acuosas de influencia minera con alteración de sulfuros a sulfatos. Estas aguas presentan pH ácidos.

Esta información de los triángulos es transferida al cuadrilátero proyectando una línea paralela al eje del Mg para el punto de la izquierda, y proyectando una línea paralela al eje del SO_4 para el punto de la derecha. La intersección de estas dos líneas será la información en el cuadrilátero. Entonces, en el cuadrilátero se combina información de los cationes y aniones. En la transferencia algo de información se pierde: El Mg se combina con Ca, y Cl con SO_4. Así, los ejes que van desde el SE al NO, representan a los cationes, donde el margen SE corresponde a un 100% de (Na + K) y el margen NO a un 100% de (Ca + Mg). Los ejes desde el NE al SO representan a los aniones, donde la frontera NE corresponde a un 100% de (Cl + SO_4) y la SO a un 100% de alcalinidad. De esta forma se obtiene los resultados que se muestran en la Tabla 5.11, se representan las proporciones entre los aniones y los cationes mayores, no sus concentraciones.

Tabla 5.11.- Proporción entre aniones y cationes de las aguas estudiadas.

	% (Ca+Mg)	% ($Cl+SO_4$)
		ZONA 1
ZM5A Superficial	25	75
ZM6A Superficial	44	56
ZM7A Superficial	32	68
ZM8A Superficial	42	58
ZM9A Superficial	33	67
		ZONA 2
ZM15A Superficial	43	57
ZM17A Agua Poro	93	7
ZM17A Charco	80	20
ZM18A Superficial	90	10
ZM21A Charco	80	20
		ZONA 3
ZM29A Charco	84	16

Las aguas de pH básico de las Áreas de estudio 1 (ZM5, ZM6, ZM7, ZM8 y ZM9) y 2 (ZM5) presentar mayor % de (Cl + SO_4) que las aguas de pH ácido de las Áreas de estudio 2 (ZM17, ZM18 y ZM21) y 3 (ZM29).

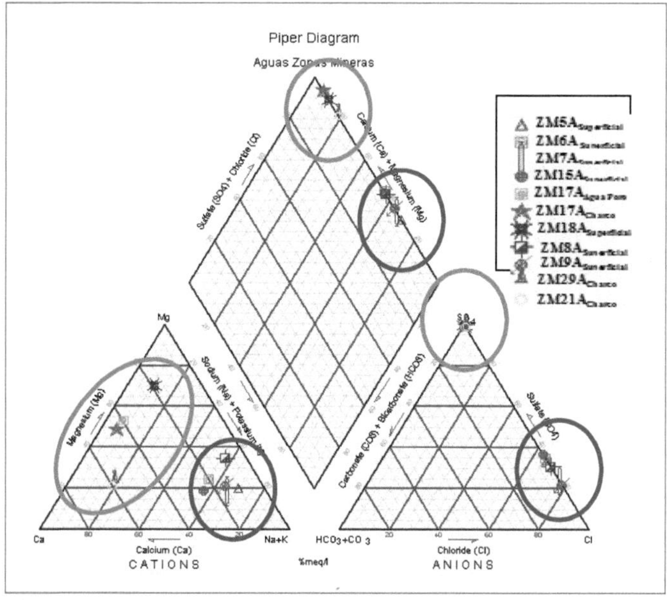

Figura 5.24.- Diagrama de Piper de las aguas analizadas.

Contenido total de elementos traza (As, Fe y Mn) en aguas.

En la Tabla 5.12 se puede observar que, en general, el contenido de As, Fe y Mn de las aguas analizadas no es muy elevado. Las mayores conentraciones aparecen en las muestras que presentan pH más bajo, además, son aguas que transportan en disolución un gran número de elementos traza, se da en muestras de agua situadas en zonas de recepción que se encharcan fácilmente tras los episodios de lluvia y otras localizadas en zonas de inundación permanente.

Tabla 5.12.- Contenido de As, Fe y Mn en aguas.

	[As] Total ppb	**[Fe] Total ppm**	**[Mn] Total ppm**
		ZONA 1	
ZM5A$_{\mathbf{Superficial}}$	10.00	< Ld	< Ld
ZM6A $_{\mathbf{Superficial}}$	2.12	< Ld	0.68
ZM7A$_{\mathbf{Superficial}}$	1.40	< Ld	0.72
ZM8A$_{\mathbf{Superficial}}$	22.60	0.73	2.96
ZM9A$_{\mathbf{Superficial}}$	1720.11	15.70	13.10
		ZONA 2	
ZM15A$_{\mathbf{Superficial}}$	55.41	< Ld	2.30
ZM17A$_{\mathbf{Agua\ Poro}}$	1.03	3.12	67.60
ZM17A$_{\mathbf{Charco}}$	1.21	0.05	26.50
ZM18A$_{\mathbf{Supercial}}$	187.91	915.10	399.10
ZM21A$_{\mathbf{Charco}}$	1843.36	153.20	20.49
		ZONA 3	
ZM29A$_{\mathbf{Charco}}$	1974.43	1008.1	23.35
Ld	0.1	0.5	0.5

5.2.-Estudios de movilización de elementos traza en diferentes situaciones medioambientales.

El estudio de la movilidad relativa de los elementos traza en los suelos es de gran importancia con respecto a la disponibilidad que puedan presentar tanto para las plantas como para los seres vivos y a los problemas que se puedan ocasionar como consecuencia de la lixiviación de los mismos a través del perfil del suelo hacia las aguas subterráneas o su arrastre en superficie (Hering, 1995; Alloway, 1997; Sauquillo et al., 2003).

La movilidad y toxicidad de los elementos traza en los suelos está relacionada con las fases mineralógicas (cristalinas, amorfas, solubles e insolubles) a las que están asociados (Han et al., 2001, Ure y Davidson, 2002) y con las condiciones del medio como son el pH, potencial redox, existencia de sustancias complejantes, etc. (Adriano, 1986; Davis et al., 1993; Link et al., 1994; Alloway, 1995; Ruby et al., 1999; Naidu et al., 2001; Kim et al., 2002).

Aunque son varios los factores que influyen en la movilización de los elementos traza en el suelo (Kong y Bitton, 2003), los podemos agrupar en tres tipos (Sauquillo et al., 2003):

- Características del suelo, como son el pH, potencial redox, composición iónica de la solución del suelo, capacidad de intercambio, presencia de $CaCO_3$, materia orgánica, textura, etc.

- Naturaleza de la contaminación, es decir el origen de los elementos y la forma de deposición.

- Condiciones medioambientales, como acidificación, cambios en las condiciones redox, variación de temperatura y humedad, etc.

Podemos hablar de una movilidad natural de los elementos traza en el suelo, consecuencia de la actividad biológica, de las interacciones sólido-líquido y de la acción del agua. Sin embargo, cuando el aumento de la solubilidad de los elementos tiene su origen en los cambios de las condiciones medioambientales que inducen cambios en las especies o formas en que se encuentran los elementos, hablamos de una movilidad potencial, causada por un descenso de pH que puede provocar la disolución o desorción de la fase sólida; un cambio en las condiciones redox y un aumento en la concentración de sales y agentes complejantes en el medio (Bourg, 1995).

La catalogación de suelos y sedimentos contaminados por elementos traza, se viene realizando en base a la concentración total del elemento presente (Sheppard y Stephenson, 1997), considerándose como "contaminados" o "contaminantes" según se contemplen estos términos, pudiendo suceder que en realidad no ocurra ninguno de los dos supuestos, dependiendo de la movilidad que presenten estos elementos en el sustrato. Ello implica que todas las formas del elemento puedan presentar el mismo impacto sobre el medio (Tessier et al., 1979). Son muy numerosos los estudios en los que muestra que el valor total no nos da información acerca de la naturaleza, movilidad y toxicidad de estos elementos (Adriano et al., 1997; Rieuwerts et al., 1999; Traina y Laperche, 1999; Logan, 2000; Adriano, 2001; Kong y Bitton, 2003).

Aunque se le han aplicado distintas definiciones tanto funcionales como operacionales (Ure y Davidson, 2002), en general, podemos decir que los estudios de especiación consisten en identificar el estado, fases o formas en que se encuentra un determinado elemento, siendo estos necesarios para realizar una adecuada evaluación de los riesgos de movilización de elementos en distintas situaciones medioambientales (Bourg, 1995). Uno de los métodos empleados para tal fin es la extracción química selectiva (simple y/o secuencial). Aunque en la literatura se pueden encontrar gran número de métodos, en la mayoría de los protocolos los elementos traza se dividen entre las siguientes formas físico-químicas (Han et al., 2001):

- Como iones simples o complejados en la solución del suelo. En equilibrio con la fracción intercambiable y las otras fases del suelo.
- Como iones intercambiables, incluyendo los iones adsorbidos específicamente y no específicamente en la superficie de los diversos componentes del suelo como carbonatos, materia orgánica, óxidos de hierro, manganeso, silicio y aluminio, y minerales de la arcilla. Influyen en gran medida los procesos de adsorción y desorción.

- Ligados orgánicamente, tanto a la materia orgánica del suelo como a organismos vivos y detritus. Influyen la producción y descomposición de materia orgánica.
- Ocluidos o coprecipitados por carbonatos. Esta fracción sería susceptible a cambios en el pH del suelo.
- Fracción ligada a óxidos de Fe y Mn, incluyendo óxidos amorfos y cristalinos, que aparecen como nódulos, concreciones y capas sobre las partículas. Está fracción se puede ver afectada por cambios en el potencial redox, de distinta forma para elementos ligados a óxidos de manganeso u óxidos fácilmente reducibles, o para elementos ligados a óxidos de hierro amorfos u óxidos de hierro cristalinos, considerados como reducibles.
- Fracción residual. La constituyen principalmente los elementos retenidos en la estructura cristalina de minerales primarios y secundarios. Normalmente no es probable que sean liberados en un periodo de tiempo razonablemente largo, al menos bajo las condiciones naturales.

A la hora de realizar un estudio de movilidad y biodisponibilidad de elementos traza el procedimiento a seguir debe ser adecuado al tipo de suelo objeto de estudio y al elemento estudiado. El que se tenga en cuenta para catalogar a un suelo contaminado el contenido total en elementos traza, o se apliquen procedimientos de extracción para estudiar la especiación que no sean adecuados, puede tener consecuencias de diagnóstico, evaluación de impacto ambiental e incluso de tipo económico. Esta problemática surge en numerosas ocasiones en suelos calizos, ya que al aplicar la metodología existente (extracciones simples y secuenciales) aparecen unos resultados analíticos que en ningún momento corresponden a su realidad contaminante (Martínez Sánchez et al., 1996; Pérez Sirvent et al., 1997; Pérez Sirvent et al., 1999; García Rizo et al., 1999).

Un conocimiento más profundo de las formas a las que están ligadas los elementos y que va a aportar luz para poder hacer una interpretación de los datos que se acerquen más a la realidad, se realiza mediante el empleo de técnicas complementarias como son la Difracción de Rayos X (DRX) o la Microscopía Electrónica de Barrido (SEM) (Pérez Sirvent et al., 1999; García Rizo et al., 1999).

En nuestro caso, se han realizado extracciones simples para estimar, por un lado, la movilidad natural de los elementos traza arsénico, hierro y manganeso presentes en los diferentes materiales estudiados, por otro, la movilidad potencial ante cambios en las condiciones medioambientales en que se encuentran y finalmente determinar la bioasimilidad de los elementos traza por la planta.

- ***Movilidad natural de As, Fe y Mn.***

- Movilidad en agua de lluvia. Extraíbles con agua (1:5) solubles.

En los extractos 1:5 se han determinado las concentraciones de As, Fe y Mn. Los resultados obtenidos muestran que las menores concentraciones de elementos traza solubles se da en el As. En la mayoría de las muestras estudiadas su concentración se encuentra por debajo del Límite de Cuantificación. La concentración de Fe y Mn solubles en las muestras estudiadas es muy variable aunque como sucedía para el As, la mayoría de las muestran presentan concentraciones por debajo del Límite de Cuantificación.

- Movilidad por aguas ácidas. Extraíbles con HNO_3.

Para simular la acción de aguas ácidas sobre los materiales estudiados se realizó la extracción con HNO_3 0.1M ajustando el pH a 1, tras la cual se recogieron los sobrenadantes sobre los que se midieron las concentraciones de elementos traza.

Las condiciones de extracción son suaves y movilizan elementos retenidos por minerales insolubles como sulfuros y jarositas, que en algunas muestras están poco o mal cristalizados con un bajo desarrollo cristalino.

Los extractos obtenidos con HNO_3 0.1M presentan valores de concentración de As ligeramente superiores que los medidos en agua y las concentraciones de Fe y Mn son mayores.

La concentración de As más alta aparece en el Área 2, con un valor de mediana (Q2) de 1.7 mg kg^{-1}. Son altas las concentraciones de Fe, especialmente en el Área 2 donde presenta una concentración media de 445.9 mg kg^{-1}, también resulta alta la concentración de Mn en esta área donde alcanza un valor de 727.9

mg kg^{-1}. Tanto en Fe como Mn existe una gran diferencia de unas muestras a otras como demuestran los altos valores de desviación estándar.

Se ha estudiado la movilización de cada uno de los elementos en medio ácido, mediante el cálculo de los porcentajes de extracción. El As y el Fe, son menos móviles que el Mn, alcanzado los mayores porcentajes de extracción en el Área 1. La mayoría de las muestran presentan similitudes en cuando a la movilización de estos dos elementos en este medio. El Mn presenta una mayor movilización ya que los porcentajes de extracción son altos y en algunas muestras se llega alcanzar casi el 100%. En general, los mayores porcentajes de extracción, para estos elementos, aparece en las muestras que presentan yeso y fases carbonatadas en su composición mineralógica mientras que, las muestras que presentan óxidos de hierro cristalinos (hematites) y siderita muestran menor movilidad.

- ***Asimilable por las plantas de As, Fe y Mn.***

- *Extraíbles con DTPA.*

La extracción con DTPA es un método diseñado originariamente para la determinación de micronutrientes para la planta como son el Fe y el Mn, entre otros, por tanto, es un método muy adecuado para estudiar la movilidad de esos dos elementos que alcanzan una concentración media bastante alta en la Zona de estudio.

Por otra parte, en suelos calizos, la extracción llevada a cabo con DTPA consigue movilizar los carbonatos dado que compleja el calcio.

En función de estos datos, se podría admitir, a priori que el elemento liberado por la extracción con DTPA podría corresponder tanto el ligado al Fe más móvil asimilable, como al Manganeso asimilable o a los calcios activos.

Los resultados muestran que a excepción de las muestras del Área 3 y algunas del Área 1 y 2 como ZM8, ZM9 y ZM20-ZM28 respectivamente que pueden contiene una pequeñísima parte de As extraíble con DTPA, la concentración media de As en este medio es muy baja por lo que, en estos suelos, no debe encontrarse bajo las mencionadas formas asimibles.

Se ha estudiado la movilización de cada uno de los elementos con DTPA mediante el cálculo de los porcentajes de extracción y los resultados muestran que los porcentajes de movilización de As son muy bajos. El DTPA no consigue movilizar grandes cantidades de Fe en estos suelos a diferencia del Mn donde se alcanzan porcentajes de movilización por encima del 80% en muestras del Área 1.

- *Extraíbles con acetato amónico.*

La extracción llevada a cabo con acetato amónico hace que precipite el acetato cálcico y redisuelve las partículas de carbonato cálcico finamente divididas que están como calcio activo.

En los extractos obtenidos se determinaron las concentraciones de elementos. Los resultados muestran que la concentración media de As extraído en este medio es muy baja y son de destacar algunas muestras de la zona control, los suelos rojos, así como la zona de Lopoyo del Área 1 y algunos suelos cercanos a la Sierra, que presentan una pequeña parte de As en el complejo de cambio ligado a partículas coloidales como la arcilla.

La concentración de Fe y Mn son muy bajas decreciendo desde el Área 1 a la 3. La mayoría de las muestras presentan un valor de concentración en este medio por debajo del Límite de Cuantificación para los tres elementos traza analizados.

Se ha estudiado la movilización de cada uno de los elementos con acetato amónico mediante el cálculo de los porcentajes de extracción y los resultados muestran que la movilización de los tres elementos es muy baja, especialmente la del Fe, los mayores porcentajes de movilización, para As y Mn se dan en el Área 1.

- *Extraíbles en medio bicarbonato.*

La extracción llevada a cabo en medio bicarbonato, siguiendo el método propuesto por Olsen en 1954, simula las condiciones que se dan en la rizosfera y moviliza elementos traza ligados a carbonatos y posiblemente intercambiables.

Simula la entrada de elementos a la raíz de la planta en forma aniónica, similar a la del fósforo.

En los extractos obtenidos se determinaron las concentraciones de elementos y los resultados muestran que el arsénico presenta bajas concentraciones en este medio, alcanzándose el máximo valor medio en el Área 3 donde la mayoría de las muestras presentan la mayor proporción de As ligado a minerales con bajo desarrollo cristalino y una pequeña parte en el complejo de cambio. En el Área 1 hay que destacar el Sedimento de la Zona de Muestreo 6 y ZM11 donde aparecen muestras que contienen una pequeña parte de As ligada a carbonatos en forma aniónica, están en el complejo de cambio. De forma similar ocurre en algunos suelos de la Sierra como ZM17FcS, ZM20OpS, ZM24 y ZM25.

La concentración de Fe en medio bicarbonato es muy baja, experimentando un ligero aumento desde el Área 1 a la 3 sucede algo similar para el Mn pero en sentido inverso y con menores concentraciones. La mayoría de las muestras presentan valore de concentración por debajo del Límite de Cuantificación.

Se ha estudiado la movilización de cada uno de los elementos en medio bicarbonato, mediante el cálculo de los porcentajes de extracción y los resultados muestran que la movilización de los tres elementos en muy baja. El As presenta la máxima movilidad en la zona control del Área 1. La movilización de Fe y Mn es prácticamente nula.

- *Extraíbles con sulfato amónico.*

La extracción llevada a cabo con sulfato amónico trata de simular las condiciones o procesos de entrada de elementos que se producen en la raíz de la planta. Moviliza los elementos de cambio en forma catiónica.

En los extractos obtenidos se determinaron las concentraciones de elementos y los resultados muestran que las concentraciones de As, Fe y Mn en este medio son muy bajas y se encuentran por debajo del Límite de Cuantificación en la mayoría de las muestras.

Se ha estudiado la movilización de los elementos traza con sulfato amónico, mediante el cálculo de los porcentajes de extracción y los resultados muestra que los porcentajes de movilización son muy bajos para cada uno de los elementos estudiados y similares a los producidos con la extracción llevada a cabo con acetato amónico.

- ***Movilidad potencial del Arsénico.***

- *Extraíbles con HCl.*

Con la aplicación de este reactivo como extractante se produce un fuerte ataque de las fases carbonatadas, óxidos y oxihidróxidos, sulfatos (yeso, jarositas) y amorfos.

En los extractos obtenidos se determinaron las concentraciones de elementos u los resultados muestran que la mayor concentración media de arsénico, se da en el Área 3 en la que aparecen muestras como ZM30 y ZM33, muestras con jarosita, goethita, amorfos y escasa dolomita. Las Áreas 1 y 2 presentan concentraciones medias similares (6.6 mg kg^{-1}). En ZM1, ZM2 y ZM3 el As extraído es muy escaso y se encuentra retenido en forma residual y/o ligado a fases carbonatadas. En las Zonas de Muestreo 19, 24, 25, 26 y 27 el As presenta la mayor movilización en suelos con hematites, pirita, akaganeita, jarositas y yeso.

En el Área 1, las máximas movilizaciones, en este medio, se dan en muestras con contaminación de jarosita, goethita y yeso, sin carbonatos, con influencia de la balsa de Lopoyo.

El Fe presenta la mayor concentración media en el Área 1 (4.176,9 mg kg^{-1}) y el Mn en el Área 2 (1.321,2 mg kg^{-1}).

Se ha estudiado la movilización de los elementos traza en medio ácido, mediante el cálculo de los porcentajes de extracción y los resutados muestran que los tres elementos traza presentan un porcentaje de movilización medio-alto tras el fuerte ataque de las fases carbonatadas con HCl.

El As presenta el mayor porcentaje medio de movilización en el Área 1 aunque los valores máximos aparecen en el Área 3 (68%). El Fe presenta los mayores porcentajes medios de movilización en el Área 1 al igual que sucede para el Mn. Éste último presenta muestras con porcentajes máximos de movilización casi del 100%.

- *Extraíbles en medio oxidante.*

Para simular las etapas finales del proceso de alteración al que están sometidos los materiales objeto de estudio en condiciones naturales, se realizó la extracción con acetato amónico 1M tras oxidar previamente las muestras con peróxido de hidrógeno 8.8 M en medio ácido (Sutherland y Tack, 2002) siguiendo la metodología propuesta para la tercera etapa de la extracción secuencial desarrollada por el BCR en la que se ven atacados la materia orgánica y los sulfuros (Ure et al., 1992). En este trabajo, el contenido en materia orgánica es bajo, con lo cual, se verán afectados básicamente los sulfuros. En estas condiciones, las jarositas mal cristalizadas también son atacadas debido a la acidez del medio, pero al aumentar después el pH, algunos elementos pueden precipitar.

En los extractos obtenidos se determinaron las concentraciones de elementos y los resultados muestran que el arsénico que se moviliza es muy escaso.

Presenta las mayores concentraciones en el Área 3 donde se encuentran muestras como ZM32 con alto contenido en Pirita. En esta misma área también aparecen muestras como ZM29 y ZM30DvS2 que presentan concentraciones medias en suelo con jarosita, goethita y yeso.

El Fe presenta una mayor concentración media en el Área 3 donde aparecen muestras como ZM31 y ZM32 con gran porcentaje de siderita, pirita, natrojarosita y óxidos de Hierro en su composición mineralógica. La concentración de Mn, en este medio, presenta un comportamiento similar al Fe.

Se ha estudiado la movilización de cada uno de los elementos en medio oxidante, mediante el cálculo de los porcentajes de extracción y los resultados muestran que tanto As como Fe presentan bajos porcentajes de movilización en este medio.

La causa que estos dos elementos presenten valores tan bajos, reconociéndose el efecto que este medio ejerce sobre las fases que contienen a estos elementos, como son los sulfuros, siderita y jarositas, se debe al pH de extracción, que causa la precipitación de hidróxidos de hierro y arsénico (Hering, 1995; Liang y McCarthy, 1995).

El Mn presenta un mayor porcentaje de movilización en orden creciente desde el Área 1 al 3.

- *Extraíbles en medio complejante-reductor.*

Con el fin de simular la movilización potencial ante un cambio de condiciones, en este caso, a reductoras y complejante, se realizó la extracción con citrato-ditionito según la metodología propuesta por Mehra y Jackson (1960).

Un aspecto importante es el ataque que pueden sufrir los carbonatos en este medio. El citrato puede complejar al calcio y a otros elementos como hierro, manganeso, aluminio, etc., provocando su disolución parcial. Parte de los elementos liberados en estas condiciones pueden provenir o estar asociados a la presencia de carbonatos en las muestras estudiadas.

La extracción en un medio complejante-reductor con citrato-ditionito moviliza parcialmente a hematites, goethita, lepidocrocita y ferrihidrita finamente divididos, los óxidos de hierro no cristalinos y los complejos orgánicos de hierro y aluminio (Mehra y Jackson, 1960). También ataca algunas fases de manganeso. Este método es menos efectivo con las formas no cristalinas de aluminio y prácticamente no extrae el hierro y aluminio que forman parte de las fases silicatadas con alto grado de cristalinidad, por tanto, nos permite evaluar el hierro libre, no silicatado (Ross y Wang, 1993), y los elementos asociados a él. Las fases no cristalinas de hierro y también las de manganeso retienen sobre sus superficies elementos traza, que en un principio se encuentran en forma intercambiable, pero que con el paso del tiempo pasan a ser mucho menos móviles (Ure y Davison, 2002). Este comportamiento frente al reactivo empleado permite prever la movilización de los elementos traza estudiados si los materiales se someten a hidromorfía y/o tiene lugar un aporte importante de materia orgánica.

En los extractos obtenidos se determinaron las concentraciones de elementos y los resultados muestran que el As presenta valores medios de concentración muy altos lo que pone de manifiesto que en la mayoría de las muestras del Área 3 y algunas del Área 2 y 1 el arsénico está ligado a amorfos y partículas mal cristalizadas fundamentalmente.

También se produce la liberación de arsénico cuando está ligado o asociado a jarositas y óxidos de hierro (hematites) en muestras en las que el grado de cristalinidad del mineral es menor como ocurre en algunas muestras de las zonas de muestreo (4, 10, 11, 12, 14, 17, 18, 23, 29, 30 y 33).

Se observa que el hierro presenta concentraciones muy elevadas en todas las muestras, lo que pone de manifiesto la existencia de fases del elemento no cristalinas. El valor de concentración de mediana es de 33.157 mg kg^{-1} en el Área 2, 28.389 y 15.999 para el Área 3 y 1 respectivamente. Sin embargo, pese a que, en general, las concentraciones son elevadas en todas las muestras, las desviaciones son también elevadas.

El Manganeso presenta mayores valores de concentración media, en el Área 2 de 2.252,1 mg kg^{-1}.

En este medio, se producen procesos de complejación, por lo que también se liberan los elementos ligados o asociados a las fases carbonatadas.

Se ha estudiado la movilización de cada uno de los elementos en medio complejante-reductor, mediante el cálculo de los porcentajes de extracción y los resultados muestran que en general, la movilización de los elementos es alta, llegando, algunas muestras, casi al 100% de movilización para los tres elementos. El As presenta un valor medio de movilización del 40% en las Áreas 1 y 2 y algo menor en la 3. El Fe muestra mayor movilización en el Área 1 (47%) y algo más bajo y similar para las Áreas 2 y 3. El en Mn su porcentaje de movilización es creciente desde el Área 1 (40.5%) a la 3 (69.3%).

- Comparación de métodos de movilización de arsénico.

Para la comparación de la metodología de movilización del arsénico con las diferentes extracctantes químicos simples aplicadas, primero fue necesario contrastar la normalidad de las muestras en cuanto al contenido de Arsénico extraído. Para cada variable, el método de extracción química (MEQ_n) se utilizó el papel probabilístico normal junto con el estadístico de contraste Ryan-Joiner's (RJ), los resultados se muestran en la Tabla 5.13. Para todas las muestras se obtuvo un p-valor < 0.01, por lo que a un nivel de significación $\alpha = 0.05$ ó 0.01 no se acepta la normalidad de los datos.

Tabla 5.13.- Test de Normalidad.

Variable	**(RJ)**	**p-value**	**¿se acepta la normalidad de los datos?**
MEQ_1	0.57	p-valor<0.01	NO
MEQ_2	0.93	p-valor<0.01	NO
MEQ_3	0.70	p-valor<0.01	NO
MEQ_4	0.62	p-valor<0.01	NO
MEQ_5	0.94	p-valor<0.01	NO
MEQ_6	0.55	p-valor<0.01	NO
MEQ_7	0.77	p-valor<0.01	NO
MEQ_8	0.76	p-valor<0.01	NO
MEQ_9	0.91	p-valor<0.01	NO
Nivel de Significación $\alpha = 0.05$ ó 0.01			

MEQ_1: Olsen, MEQ_2: CH_3COONH_4, MEQ_3: HCl, MEQ_4: Oxidante, MEQ_5: $(NH_4)_2SO_4$,
MEQ_6: DTPA, MEQ_7: HNO_3, MEQ_8: H_2O, MEQ_9: Mehra-Jackson

Para detectar posibles diferencias entre las variables fue necesario utilizar un Test no paramétrico como es el contraste de Kruskal-Wallis (Tabla 5.14). Las hipótesis a contrastar, en este test, fueron:

$$H0: M1=M2=M3=M4=M5=M6=M7=M8=M9$$

$$H1: \text{Existen } i \neq j, \text{ tales que } MEQi \neq MEQj$$

Donde Mi es la mediana de la variable MEQi= "As movilizado con el método de extracción química i", i= 1,2,3,4,5,6,7,8,9.

Tabla 5.14.- Prueba de Kruskal-Wallis

Prueba de Kruskal-Wallis		
N	**Factor**	**Mediana**
75	1	8.774459
75	2	1.424963
75	3	46.600000
75	4	0.005341
75	5	0.927325
75	6	0.328302
75	7	0.030000
75	8	0.020000
75	9	0.030000
H= 510.71	GL = 8	P-valor = 0

1: HCl, 2: HNO_3, 3: Mehra-Jackson, 4: H_20, 5: Oxidante, 6: Olsen, 7: CH_3COONH_4, 8: $(NH_4)_2SO_4$, 9: DTPA

Al ser el p-valor = 0.000< α =0.05 ó α =0.01, aceptamos la hipótesis alternativa, es decir existe al menos un método de extracción química para el cual la mediana de los valores de arsénico movilizado es distinta.

Los valores de mediana reflejados en la Figura 5.25 muestran que hay dos factores (métodos de extracción química de arsénico) que difieren del resto. Estos dos métodos de extracción son Mehra Jackson y HCl que presentan un valor de mediana de 46.6 y 8.8 respectivamente. El resto de factores siguen una metodología de extracción de arsénico similar, como se puede observar en la Figura 5.25. De mayor a menor el grado de movilización de los extractantes usados en nuestros suelos es: Mehra Jackson> HCl> HNO_3> Oxidante> Olsen> CH_3COONH_4 = DTPA > $(NH_4)_2SO_4$ > H_20

Es importante destacar el Factor 5 (Oxidante), con un valor de mediana = 0.9 porque, aunque no es el extractante que más arsénico libera si es el que mejor se correlaciona con el contenido total de arsénico en la raíz de la planta (Ro = 0.557**).

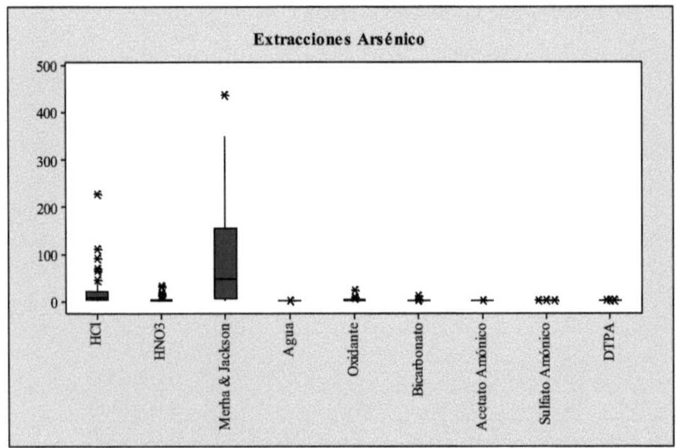

Figura 5.25.- Arsénico movilizable con diferentes métodos de extracción química.

Como apoyo a los estudios de movilización con los diferentes extractantes comentados anteriormente se realizó el microanálisis de elementos mediante SEM en muestras de suelo como el que se muestra de ejemplo en la Figura 5.26.

En la Figura 5.38 aparece un cristal de silicato. El Fe está ligado a dicha fase residual, así como el Arsénico. En el Spectrum aparecen otros elementos en grandes proporciones como Oxígeno, Aluminio, Silicio y Potasio entre otros.

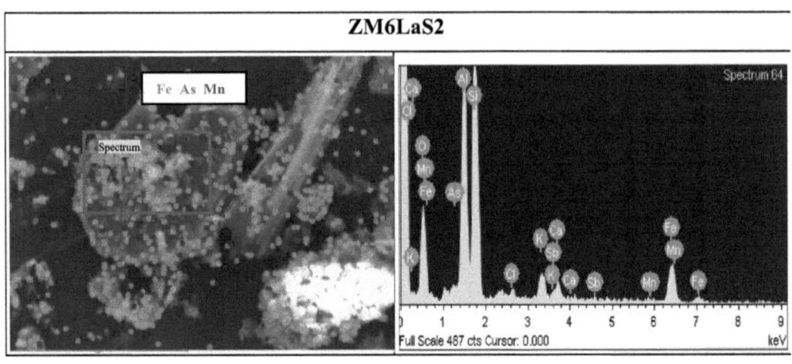

Figura 5.26.- Imagen Microscopia Electrónica (SEM) de ZM6LaS2.

- ***As extraído suelo - mineralogía.***

Para determinar si existen relaciones significativas entre la concentración de As extraída, tras la aplicación de las diferentes extracciones químicas selectivas y la composición mineralógica de las muestras que nos permitan definir grupos dentro de las muestras, se realizó un análisis de componentes principales.

Se obtubieron cuatro factores que explican el 55. % de la Varianza (Tabla 5.15).

Tabla 5.15.- Factores obtenidos tras el análisis de componentes principales entre la concentración de As extraída y la composición mineralógica.

FACTOR	VARIABLE	%VARIANZA
F1	+Óxidos de Fe, jarositas, +magnetita, -calcita, -DTPA	22.680
F2	+Acetato Amónico, -siderita, -pirita, -Oxidante	13.855
F3	+filo14, +filo7, +[As]HCl, +[As]HNO_3, +[As]Mehra Jackson, -feldespatos	11.255
F4	+aragonito, +yeso, + hematites, +[As]Agua, -filo10, -cuarzo	7.188

La Tabla 5.16 representa las puntuaciones de cada uno de los factores sobre cada variable.

Tabla 5.16.- Puntuaciones factoriales para cada una de las variables.

Variable	F1	F2	F3	F4
Filo 14	-0.201	0.089	0.773	-0.267
Filo 10	-0.326	0.070	0.036	-0.589
Filo 7	0.141	0.127	0.782	-0.145
Cuarzo	-0.137	0.068	0.059	-0.430
Yeso	0.421	0.037	0.303	0.594
Feldespatos	0.052	0.172	-0.576	-0.240
Calcita	-0.699	0.056	-0.520	-0.174
Dolomita	-0.243	0.038	-0.312	-0.173
Óxidos de Fe	0.628	0.189	0.026	0.135
Jarositas	0.929	0.129	0.026	0.138
Aragonito	-0.282	0.034	-0.203	0.636
Hematites	-0.002	-0.247	-0.235	0.466
Siderita	0.081	-0.885	0.192	0.119
Pirita	0.031	-0.898	0.214	0.066
Magnetita	0.916	-0.143	0.093	0.174
Amorfos	0.000	-0.875	0.181	0.120
[As]HCl	0.500	-0.298	0.550	0.031
[As] HNO_3	0.238	-0.083	0.703	- 0.176
[As] M. J	0.361	-0.008	0.813	-0.031
[As] Agua	0.121	0.128	0.250	0.459
[As] Oxidante	0.127	-0.669	-0.291	-0.371
[As] Bicarbonato	-0.161	-0.313	0.296	0.206
[As] Acetato A.	0.079	0.585	0.114	-0.007
[As] Sulfato A.	0.043	-0.106	0.173	0.010
[As] DTPA	-0.459	0.270	-0.209	0.221

A continuación, se representan las puntuaciones referidas a cada factor para cada muestra (Figuras 5.27, 5.28, 5.29 y 5.30), con objeto de determinar sus interrelaciones. La Figura 5.43, que representa al F1 frente F2, muestra una separación de muestras agrupadas en el primer y segundo cuadrante principalmente. En el cuadrante positivo aparecen las muestras con mayor contenido de As extraído con Acetato Amónico y presencia de jarositas, magnetita, óxidos de Fe y escaso o nulo contenido en calcita en su composición mineralógica. En el segundo de ellos aparece la mayor densidad de muestras. Representan los suelos donde aparece mayor contenido de As extraíble con DTPA y calcita en su composición mineralógica. El cuadrante negativo está representado por las muestras que mayor contenido en pirita y siderita presentan en su composición mineralógica y mayor contenido de As extraíble en medio Oxidante. En el cuarto cuadrante aparecen representadas las muestras con gran contenido en jarositas, magnetita, óxidos de Fe y As extraíble en medio Oxidante y con Acetato Amónico.

La Figura 5.28 (F1-F3) muestra una separación de muestras agrupadas en el segundo y tercer cuadrante principalmente. En el segundo aparecen las muestras que presentan mayor contenido de As extraíble con HCl, HNO_3, Mehra Jackson y con calcita, filo 14 y 7 en su mineralogía. El cuadrante positivo representa las muestras de mayor contenido en As extraíble con HCl, HNO_3, Mehra Jackson y con una mineralogía compuesta mayoritariamente por jarositas, magnetita, filo 14 y 7. En el cuadrante negativo aparecen agrupadas las muestras con mayor contenido en As extraíble con DTPA, feldespatos y calcita como componentes mayoritarios de su mineralogía. El último cuadrante es el que menor número de muestras contiene y están agrupadas en función de su mineralogía.

En la representación del F1 frente F4 (Figura 5.45) se observa que el segundo cuadrante está formado por muestras que presentan mayor contenido de As soluble y algo extraíble con DTPA así como yeso, aragonito, hematites y calcita en su composición mineralógica. En general las muestras con mayor peso positivo se corresponden con las localizadas en las proximidades al mar. El cuadrante positivo está compuesto por muestras que contienen As soluble y sulfatos hidratados. El cuadrante negativo se caracteriza por la mayor densidad de muestras que, en general, contienen algo de As, calcita, filo10 y cuarzo en su mineralogía. El cuarto cuadrante es el que menor número de muestras contiene y están agrupadas en función de su mineralogía.

El F2 frente F3 (Figura 5.30) no discrimina, casi todas las muestras se agrupan en dos cuadrantes a excepción de ZM31 y ZM31 localizadas en las proximidades de la Bahía de Portmán y con características en general diferentes al resto de muestras analizadas. El resto de representaciones no se muestran dado que no discriminan.

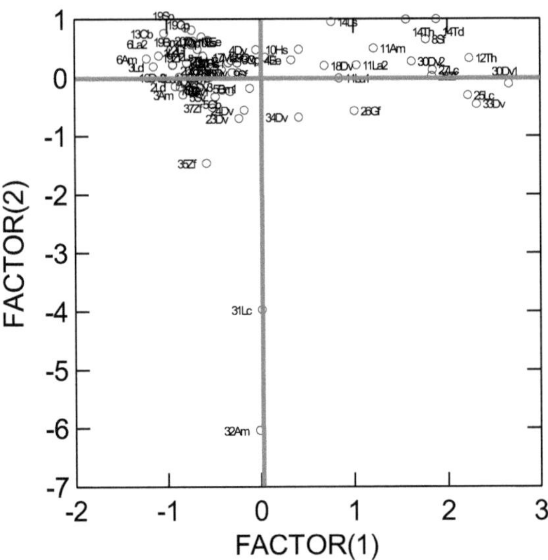

Figura 5.27.- Representación gráfica del Factor 1 frente al Factor Figura 5.28.- Representación gráfica del Factor 1 frente al Factor 3.

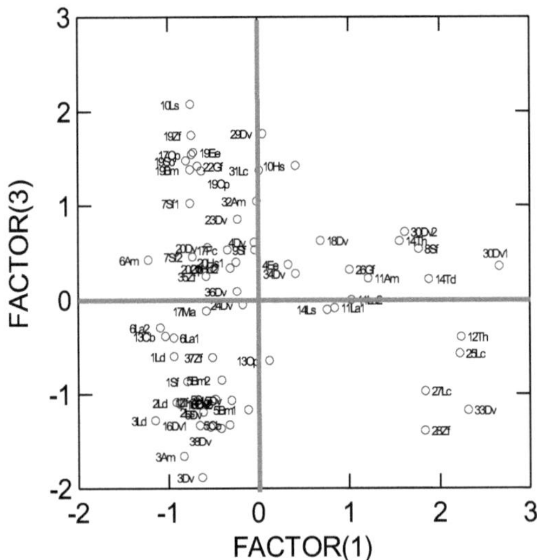

Figura 5.29.- Representación gráfica del Factor 1 frente al Factor 4.

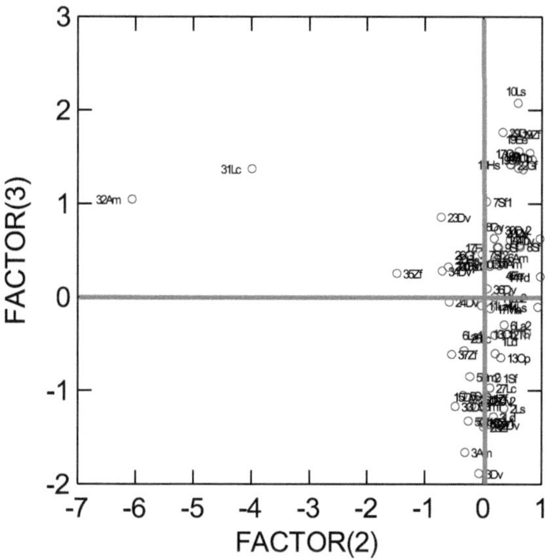

Figura 5.30.- Representación gráfica del Factor 2 frente al Factor 3.

5.3.- Formas inorgánicas de Arsénico en el medio.

El As se presenta en el medio ambiente y en los sistemas biológicos en distintas formas y especies. Entre los compuestos inorgánicos (Tabla 5.17) y orgánicos se superan las dos docenas, de las que las inorgánicas son esencialmente arsenitos y arseniatos. En general, la forma pentavalente del arsénico As (V) tiende a predominar frente a la forma trivalente As (III) en los suelos y en las aguas superficiales, sistemas más oxigenados que por ejemplo las aguas subterráneas. Estas formas son además las más abundantes en los suelos, sedimentos y aguas. Las concentraciones relativas de As (III) y As (V) dependen de las condiciones redox existentes, pero sobre todo de la actividad biológica. La cinética de las reacciones redox es muy lenta por lo que las relaciones As (V) / As (III) observadas en muchas ocasiones no corresponden exactamente con las condiciones redox del medio, reflejando desequilibrio termodinámico. Los microorganismos juegan un papel principal como catalizadores de estas reacciones, y en ambiente con alta actividad microbiana pueden ser responsables de desequilibrio termodinámico, por ejemplo, la presencia de arsenito puede ser mantenida en condiciones oxidantes por reducción biológica de arseniato (Gálan Huertos, E., 2009, informe privado).

Tabla 5.17.- Principales compuestos inorgánicos de arsénico en el medio ambiente (Plant et al., 2005).

Estado de oxidación	**Principal forma química**
As (-III)	Arsina [H_3As]
As (-I)	Arsenopirita [FeAsS] y löellingita [$FeAs_2$]
As (O)	Arsénico elemental [As]
As (III)	Arsenito [$H_2AsO_3^-$, H_3AsO_3]
As (V)	Arseniato [AsO_4^{3-}, $HAsO_4^{2-}$, $H_2AsO_4^-$, H_3AsO_4]

- ***Arsénico inorgánico en Suelos/Sedimentos.***

En los suelos los compuestos inorgánicos de As se pueden encontrar como sulfoarseniuros, o bien adsorbidos en los oxihidróxidos de hierro, manganeso y aluminio, en los minerales de la arcilla y calcita, en la estructura de la jarosita y en otros compuestos minoritarios. Su paso a solución, y por tanto la disponibilidad y biodisponibilidad, dependen esencialmente de una seria de procesos, entre los que están la oxidación de los sulfuros y sulfoarseniuros, la disolución o destrucción a pH ácidos de los "controladores" en forma de adsorbentes (óxidos e oxihidróxidos de hierro y manganeso y minerales de la arcilla), o la desorción a pH altos (Gálan Huertos, E., 2009, informe privado).

En los suelos, los compuestos inorgánicos de As (III) son más móviles que los arseniatos por lo que pueden recorrer una mayor distancia tanto en vertical como en horizontal. Esta movilidad está esencialmente controlada por el potencial redox y el pH. Por tanto, además del conocimiento de las condiciones físico-químicas del suelo, el conocimiento de la forma química del As en fundamental para conocer su movilidad y equilibrio en los suelos (Gálan Huertos, E., 2009, informe privado).

- *Determinación de As (III) y (V) mediante técnicas destructivas.*

  - Especiación no cromatográfica (AFS).

En su forma más simple la especiación de arsénico consiste en la separación del elemento en sus dos estados mayoritarios de oxidación, As (III) y As (V). Esto puede lograrse en muestras no acidificadas por cromatografía iónica o por AFS.

Para estudiar el As (III) de los suelos/sedimentos, de este trabajo, se realizó una especiación no cromatográfica (AFS) como se describe en el capítulo (V). Es un método ampliamente usado, aunque no directo, para la especiación de As (III)/As (V) y que no requiere la preseparación, aunque implica dos determinaciones separadas con y sin prerreducción (consistente en la producción de AsH_3 por reducción con borohidruro de sodio).

Determinados autores como Thomas et al., en 1997 desaconsejan los procesos digestores utilizando la combinación de ácido nítrico o perclórico con ácido fluorhídrico dado que, son demasiado agresivos y, llevan a la destrucción de las especies del arsénico y recomiendan que el tratamiento de digestión se realice en microondas utilizando ácido fosfórico. En este trabajo el As (III) se ha determinado en la digestión de suelo/sedimentos realizada en microondas con adición de ácido fluorhídrico, ácido nítrico y H_2O milliQ.

Según lo comentado, en la digestión realizada en el material edáfico, sería de esperar que todo el As se haya oxidado y se encuentre como Arseniato (As^{5+}) y que el análisis de la muestra sin prerreducción no diese señal dado que aquí sólo el As (III) se convierte en hidruro. Los resultados muestran que no todo el As se oxida a Arseniato. No se puede decir que la cantidad exacta de As (III) en las muestras sea la obtenida dado que algo de As ha podido oxidarse en el proceso de digestión. Por tanto, los valores de arsenito se deben tomar como la cantidad mínima de As (III) que contienen las muestras estudiadas. El valor medio de As (V) es superior al valor de arsenito para las tres Áreas de estudio. En general, las mayores concentraciones de arseniato aparecen en suelos cuya composición mineralógica presenta jarosita, no obstante, aparecen suelos que conteniendo jarosita presentan gran concentración de As (III). Estos suelos se localizan en zona de humedal con encharcamiento de agua permanente, son suelos poco oxigenados. Otros como ZM6Sed y ZM17Sed son sedimentos de rambla donde la concentración de As (III) es alta y aunque no se encuentran encharcados de forma permanente si que sufren inundaciones de forma periódica.

En la Figura 5.31 se observa que el mayor valor de mediana para la concentración de As (III) se encuentra en el Área 3 igual que para el As (V). Los valores mínimos de concentración se dan en el Área 1 tanto para arsenito como para arseniato y los máximos en el Área 3.

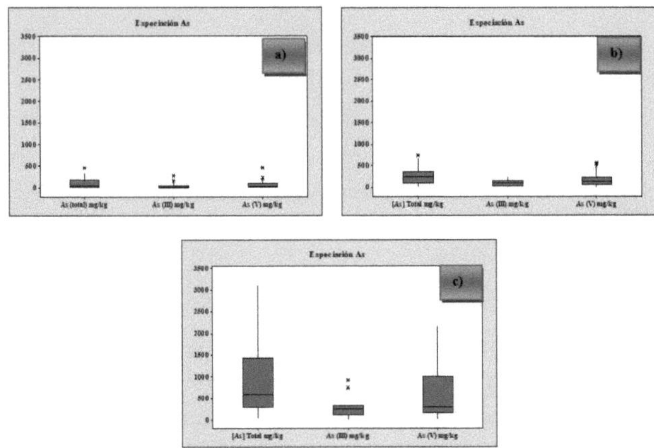

Figura 5.31.- Gráfica de cajas de la especiación de As en suelo/sedimentos a) Área 1, b) Área 2 y c) Área 3.

- Relación entre la especiación de As en suelos/sedimentos, concentración de elementos totales, mineralogía y propiedades del suelo.

La matriz de correlación de Pearson entre las especies inorgánicas de los suelos/sedimentos, concentrción de elementos traza, mineralogía y propiedades del suelo muestra que el As (III) obtenido con la especiación de As no cromatográfica se correlaciona de forma positiva y significativa, estadísticamente, con la concentración de Fe del suelo en las Área 1 y 2 y con el Mn de las Áreas 1 y 3 de forma similar se observa para la concentración de As (V).

Se establece una relación negativa entre el pH del suelo y el contenido en carbonatos con la concentración de As (III) y As (V), de forma que cuanto mayor es el valor de estos parámetros menor es la concentración de arseniato y/o arsenito en suelo.

El contenido en sales del suelo presenta una relación alta y positiva con la concentración de As (V) en los suelos/sedimentos de la Zona de estudio y con la concentración de arsenito en los del Área 2.

Con respecto a la mineralogía, el As (III) se correlaciona positivamente confFilo14 y 7 en las Áreas 1 y 2 y con cuarzo en el Área 1. De forma negativa se establece relación con calcita en las Áreas 1 y 2 y filo 10 en el Área 2.

La concentración de arseniato establece relación positiva con filo14, filo 7 y yeso en el Área 1. En el Área 2 la relación positiva se establece con feldespatos, así como hematites y para el Área 3 con siderita y pirita. En sentido negativo se establece relación con calcita en el Área 1 y con filo 10 y akaganeita en el Área 2.

Arsénico inorgánico en aguas.

El arsénico se halla en las aguas naturales como especie disuelta, que se presenta por lo común como oxianiones con arsénico en dos estados de oxidación, arsénico trivalente [As (III)] y arsénico pentavalente [As (V)], y con menos frecuencia como As (0), As (-I) y As (-III). As (V) aparece como H_3AsO_4 y sus correspondientes productos de disociación ($H_2AsO_4^-$, $HAsO_4^{2-}$ y AsO_4^{3-}). As (III) aparece como H_3AsO_3 y sus correspondientes productos de disociación ($H_2AsO_3^-$, $HAsO_3^{2-}$ y AsO_3^{3-}). Aunque tanto As (V) como As (III) son móviles en el medio, es precisamente el As (III) el estado más lábil y biotóxico.

El estado de oxidación del arsénico, y por tanto su movilidad, están controlados fundamentalmente por las condiciones redox (potencial redox, Eh) y el pH (Figura 5.32). De hecho, el arsénico es un elemento singular entre los elementooides pesados y elementos formadores de oxianiones por su sensibilidad a movilizarse en los valores de pH (6.5 a 8.5). Como aproximación, y sin tener en cuenta otros factores como contenido en materia orgánica, en condiciones oxidantes, el estado As (V) predomina sobre As (III), encontrándose fundamentalmente como $H_2AsO_4^-$ a valores de pH bajos (inferiores a 6.9), mientras que a pH más alto, la especie dominante es $HAsO_4^{2-}$ (en condiciones de extrema acidez, la especie dominante será $H_3AsO_4^0$, mientras que en condiciones de extrema basicidad, la especie dominante será AsO_4^{3-}) (Figs: 5.32 y 5.33 (a)). En condiciones reductoras a pH inferior a 9.2, predominará la especie neutra H_3AsO_3 (Figs: 5.32 y 5.33 (b)) (Brookins, 1988; Yan et al., 2000).

Otros factores, como la concentración de determinados elementos, también controlan la especiación de arsénico y por tanto su movilidad. Por ejemplo, en presencia de concentraciones altas de azufre, predominan las especies acuosas de azufre y arsénico. Si en ese caso se establecen condiciones reductoras y ácidas, precipitarán sulfuros de arsénico (oropimente, As_2S_3, y rejalgar, AsS).

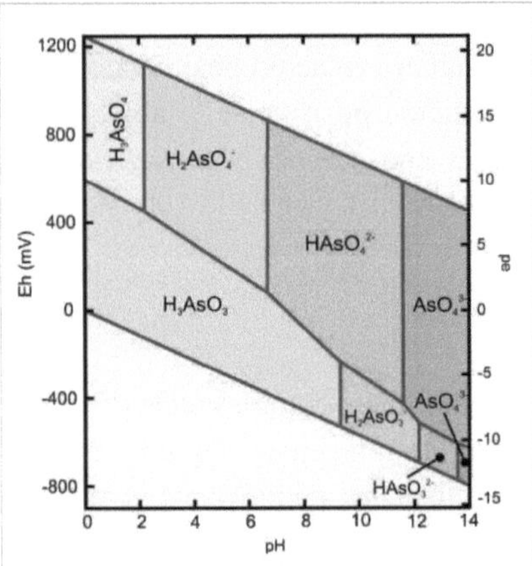

Figura 5.32.- Diagrama Eh-pH de especies acuosas de arsénico en el sistema As–O_2–H_2O a 25ºC y 1 bar de presión total (Brookins, 1988; Yan et al., 2000).

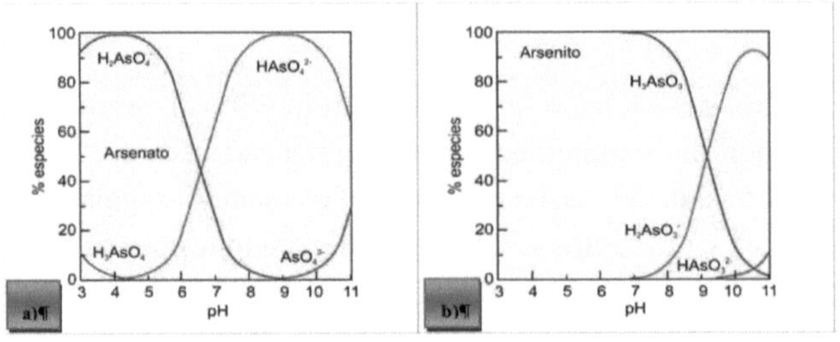

Figura 5.33.- a) Especies de As (V) como función de pH. b) Especies de As (III) como función de pH (Brookins, 1988; Yan et al., 2000).

Los dos procesos geoquímicos que controla la movilización de rsénico en agua son: reacciones de adsorción-desorción y reacciones de coprecipitación-codisolución.

La Tabla 5.18 muestra los resultados de arsenito y arseniato obtenidos en las muestras de agua estudiadas tras la especiación de arsénico no cromatográfica. La forma pentavalente del arsénico As (V) tiende a predominar frente a la forma trivalente As (III) en las aguas superficiales más oxigenadas que las aguas subterráneas.

Tabla 5.18.- Concentración de As inorgánico en aguas.

	[As] Total ppb	**[As] III ppb**	**[As] V ppb**
		ÁREA 1	
ZM5A$_{\textbf{Superficial}}$	10.00	< Ld	9.96
ZM6A $_{\textbf{Superficial}}$	2.12	< Ld	2.11
ZM7A$_{\textbf{Superficial}}$	1.40	< Ld	1.4
ZM8A$_{\textbf{Superficial}}$	22.60	1.00	21.6
ZM9A$_{\textbf{Superficial}}$	1720.11	1.94	1718.17
		ÁREA 2	
ZM15A$_{\textbf{Superficial}}$	55.41	1.80	54.61
ZM17A$_{\textbf{Agua Poro}}$	1.03	0.98	0.05
ZM17A$_{\textbf{Charco}}$	1.21	0.58	0.63
ZM18A$_{\textbf{Supercial}}$	187.91	1.51	185.4
ZM21A$_{\textbf{Charco}}$	1843.36	2.03	1841.33
		ÁREA 3	
ZM29A$_{\textbf{Charco}}$	1974.43	1.16	1973.27
		Ld = 0.1	

La concentración de As (III) en estas aguas es muy baja y es en las soluciones con pH ácido donde aparecen las concentraciones más altas de arsenito.

6.- BIBLIOGRAFIA.

Abad-Valle, P., Álvarez-Ayuso, E., Murciego, A., Muñoz-Centeno, L.M., Alonso-Rojo, P., Villar-Alonso, P., 2018. Arsenic distribution in a pasture area impacted by past mining activities. Ecotoxicology and Environmental Safety 147, 228-237.

Adriano, D. C. 1986. Trace Elements in Terrestrial Environments. Springer-Verlag. New York. 553 pp.

Adriano, D. C., Chlopecka, A., Kaplan, D. I., Clijsters, H., Vangronsveld, J., 1997. Soil contamination and remediation: philosophy, science and technology. En: Contaminated soils. 3rd International Conference on the Biogeochemistry of Trace Elements. Ed. INRA, Paris, 525 pp.

Adriano, D. C., 2001. Trace Elements in Terrestrial Environments: Biogeochemistry, Bioavailability and Risks of Metals, 2nd Edition. Springer-Verlag. 866 pp.

Aguilar, N.C., Faria, M.C.S., Pedron, T., Batista, B.L., Mesquita, J.P., Bomfeti, C.A., Jairo L., 2020. Isolation and characterization of bacteria from a brazilian gold mining area with a capacity of arsenic bioaccumulation. Chemosphere 240, 124871.

Al, T.A., Martin, C.J., Blowes, D.A., 2000. Carbonate-mineral/water interactions in sulfide-rich mine tailings. Geochimica et Cosmochimica Acta. 64 (23), 3933-3948.

Alam, M.G.M., Snow, E.T., Tanaka, A., 2003. Arsenic and heavy metal contamination of vegetables grown in Samta village, Bangladesh. The Science of the Total Environment 308, 83-96.

Alcolea, A., Fernández-López, C., Vázquez, M., Caparrós, A., Ibarra, I., García, C., Zarroca, M., Rodríguez, R., 2015. An assessment of the influence of sulfidic mine wastes on rainwater quality in a semiarid climate (SE Spain). Atmospheric Environment 107, 85-94.

Alloway, B. J., 1995. The origins of heavy metals in soils. En: Heavy Metals in Soils. Ed. Alloway B. J. Blackie Academic and Professional Publ. New York. 368 pp.

Alloway, B.J., 1997. The mobilization of trace elements in soils. En: Contaminated soils. 3rd International Conference on the Biogeochemistry of Trace Elements. Ed. INRA, Paris, 525 pp.

Alloway, B.J., 2003. Contaminación y recuperación de suelos. En: El Medio Ambiente. Introducción a la Química Medioambiental y a la Contaminación. Ed. R. M. Harrison. Editorial Acribia, S. A. Zaragoza, 461 pp.

Alvarez-Benedí, J, Bódalo Rodriguez, S. Cancillo Carro, I., Calvo Revuelta, C., 2005. Dinámica de adsorción-desorción de As (V) en Suelos de cultivo de Castilla y León.

Anawar, H.M., García-Sánchez, A., Santa Regina, I., 2008. Evaluation of various chemical extraction methods to estimate plant-available arsenic in mine soils. Chemosphere. 70, 1459-1467.

Arana, R., Rodríguez, T., Mancheño, M.A., Guillén, F., Ortiz, R., Fernández y M.T., del Ramo, A., 1999. "El Patrimonio Geológico de la Región de Murcia". Fundación Séneca. CARM. 399 pp.

Baur, W.H. y Onishi, B.M.H., 1969. Arsenic. In: Wedepohl, K.H. (Ed). Handbook of Geochemistry. Springer-Verñag. Berñom. Pp.33-A-1-33-0-5.

Benedicto Albadalejo, J., Marín-Guirao, L., Guerrero Pérez, J., 2009. Contaminación por metales y compuestos organoesnnicos en el Mar Menor. Instituto Euromediterráneo del Agua. El Mar Menor. Estado actual del conocimiento científico. ISBN:978-84936326-8-7

Bhattacharyya, P., Tripathy, S., Kim, K., Kim, S.H., 2008. Arsenic fractions and enzyme activities in arsenic-contaminated soils by groundwater irrigation in West Bengal. Ecotoxicology and Environmental Safety 71, 149-156.

Bigham, J.M., Schwertmann, U., Carlson, L.,1992. Mineralogy of Precipitates Formed by the Biogeochemical Oxidation of Fe (II) in Mine Drainage. En: Biomineralization. Processes of Iron and Manganese, modern and ancient environments. Eds. Skinner, H.C. V. y Fitzpatrick, R. W. Catena. 432pp.

Borrador del anteproyecto de Ley de Residuos y Suelos Contaminados. 02-06-2020

Boyle, R.W., Jonasson, I.R, 1973. The geochemistry of arsenic and its use as an indicator element in geochemical prospecting. J. Geochem. Explor. 2, 251-296.

Bourg, A. C. M., 1995. Speciation of heavy metals in soils and groundwater and implications for their natural and provoked mobility. En: Heavy metals. Problems and solutions. Eds. Salomons, W.; Förstner, U. y Mader, P. Springer-Verlag. Berlin. 412 pp.

Brookins, D.G., 1988. Eh-pH. Diagrams for Geochemistry. Springer-Verlag, Berlin.

Briceño Torres, M., 2004. Fundamentos generales y aplicaciones de las técnicas instrumentales de análisis empleados en la industrias. Venezuela.

Briceño Torres, M., 2008. Procedimiento de especiación semicuantitativo (screening) de forma químicas de arsénico en alimentos infantiles comerciales con base de pescado utilizando espectrometría de absorción atómica con calentamiento electrotérmico mediante la introducción directa de la muestra suspendida. Tesis de Máster del Programa Oficial de Posgrado en Química. Universidad de Murcia. Septiembre 2008.

Caparrós Ríos, A.V., 2017. Rheology of Pb-Zn part-flotations wastes in the Sierra de Cartagena-La Unión (SE Spain).Tesis Doctoral.

Carbonell Barrachina, A.A., Burló Carbonell, F.M., Mataix Beneyto, J.J., 1995. Arsénico en el Sistema Suelo-Planta. Significado Ambiental. Universidad de Alicante. Secretariado de publicaciones.

Carmona Garcés, D., 2012. Recuperación de suelos acidificados y contaminados por mineria metálica. Ensayos en columnas. Tomo I. Tesis Doctoral.

Cartografía de la Confederación Hidrográfica del Segura. Plan Hidrológico de la Demarcación del Segura 2015-2021.

Cervantes, A.M., 2009. Aproximación a los riesgos derivados de la presecia de residuos mineros en saladares del entorno del mar menor: dinámica de metales pesados y arsénico y su acumulación en plantas y moluscos. Tesis Doctoral.

Cervera, M.L., 1990. "Desarrollo, evaluación y aplicación de metodologías analíticas mediante técnicas de espectroscopía atómica para la determinación de arsénico en alimentos elaborados". Tesis Doctoral, Universidad de Valencia. Valencia.

Cheng, H., Hu, Y., Luo, J., Xu, B., Zhao, J., 2009. Geochemical processes controlling fate and transport of arsenic in acid mine drainage (AMD) and natural systems. Journal of Hazardous Materials 165, 13-26.

Chapman, B.M., Jones, D.R., Jung, R.F., 1983. Processes controlling metal ion attenuation in acid mine drainage streams. Geochim. Cosmochim. Acta. 47, 1957-1973.

Churchman, G.J., 2000. The alteration and Formation of Soil Minerals by Weathering. En: Handbook of Soil Science. E. Sumner, M.E. CRC

Chojnacka, K., Chojnackib, A., Górecka, H., Górecki, H., 2005. Bioavailability of heavy metals from polluted soils to plants. Science of the Total Environment 337, 175– 182.

Consejería de agricultura, Agua y Medio Ambiente, 1999. Mapa Digital de Suelos de la Región de Murcia (www.carm.es).

Cornelis, R., Caruso, J., Crews, H., Heumann, K., 2005. Handbook of Elemental Speciation II. Species in the Environment, Food, Medicine and Occupational Health.

Dahal, B.M, Fuerhacker, M., Mentler, A., Karki, K.B., Shrestha, R.R., Blum, W.E.H., 2008. Arsenic contamination of soils and agricultural plants through irrigation water in Nepal. Environmental Pollution 155, 157-163.

Davis, A., Drexler, J. V., Ruby, M., Nicholson, A., 1993. Micromineralogy of Mine Wastes in Relation to Lead Bioavailability, Butte, Montana. Environ. Sci. Technol. 27: 1415-1425.

Dirección General del Medio Natural, Región de Murcia. 1998. Parque minero y ambiental Cabezo Rajao, una propuesta para su recuperación. Ouverture Project: Green Actino II. Consejería de Agricultura, Agua y Medio Ambiente.

Directiva 278/86/CEE, de 12 de junio de 1986 relativa a la protección del Medio Ambiente y en particular de los suelos en la utilización de los lodos de depuradora en agricultura.

Directiva del Consejo 91/271/CEE, de 21 de mayo de 1991, sobre el tratamiento de las aguas residuales urbanas.

Directiva del Consejo 91/676/CEE, de 12 de diciembre de 1991 relativa a la protección de las aguas contra la contaminación producida por nitratos utilizados en la agricultura.

Dove, P. M., Rimstidt, J.D., 1985. The solubility and stability of scorodite, FeAsO4. $2H_2O$. Am. Mineral. 70, 838-844.

Drahota, P., Rohovec, J., Filippi, M., Mihaljevič, M, Rychlovský, P., Červený, V., Pertold, Z., 2009. Mineralogical and geochemical controls of arsenic speciation and mobility under different redox conditions in soil, sediment and water at the Mokrsko-West gold deposit, Czech Republic. Science of the Total Environment 407, 3372–3384.

Edmonds, J.S. y Francesconi, K.A., 2003. Organoarsenic compounds in the marine environment. In: Organometallic Compounds in the Environment (Craig, P.J. ed.), pp. 195-222. John Wiley and Sons Ltd, Chichester, UK.

FAO., 1988. FAO-UNESCO Soil Map of the World, Revised Legend. World Soil Resources Report 60. FAO. Roma. 119 pp.

Farmer, J. G. y Graham, M., 2003. Aguas dulces. En: El Medio Ambiente. Introducción a la Química Medioambiental y a la Contaminación. Ed. R. M. Harrison. Editorial Acribia, S. A. Zaragoza, 461 pp.

Fayiga, A.O., Ma, L.Q., Zhou, Q., 2007. Effects of plant arsenic uptake and heavy metals on arsenic distribution in an arsenic-contaminated soil. Environmental Pollution 147, 737-742.

Ferguson, J., Gavis, J., 1972. A review of the arsenic cycle in natural waters Water Research. Volume 6, Issue 11, November 1972, Pages 1259-1274

Filippi, M., Doušová, B., Machovič, V., 2007. Mineralogical speciation of arsenic in soils above the Mokrsko-west gold deposit, Czech Republic. Geoderma 139, 154-170.

Foster, A.L., Brown Jr, G.E., Tingle, T.N., 1998. Quantitative speciation of As in mine tailings using x-ray absorption spectroscopy. Am. Mineral. 83,553

Francesconi, K.A. y Kuehnelt, D., 2004.The Analyst, 129,373.

Frost, R.R., Griffin, R.A.,1977. Effect of pH on Adsorption of Arsenic and Selenium from Landfill Leachate by Clay Mineral. 41, Pages 53-57 Contribution from the Environmental Geology Laboratory, Illinois State Geological Survey, Natural Resources Building, Urbana, IL 6180.

Gabarrón, M., Faz, A., Martínez-Martínez, S., Acosta, J.A., 2018. Change in metals and arsenic distribution in soil and their bioavailability beside old tailing ponds. J Environ Manage 212, 292-300.

Galán Huertos, E., González Díez, I., Aparicio Fernández, P., Romero Baena, A., 2009. Informe privado. Estudio de la Afección de un Suelo Por Contaminación con Arsénico. Estudios, Trabajos y Dictámenes. Consejería de Medio Ambiente - Universidad de Sevilla. Junta de Andalucía.

García García, C. 2004. Impacto y riesgo ambiental de los residuos minero-metalúrgicos de la Sierra de Cartagena-La Unión (Murcia-España). Tesis doctoral. Departamento de Ingeniería Minera, Geológica y Cartográfica. Universidad Politécnica de Cartagena.

García Lorenzo, M.L., 2009. Evolución de la contaminación por vía hídrica de elementos traza en áreas con influenica de actividades minero-metalúrgicas. Aplicación a la Sierra Minera de Cartagena- La Unión (Murcia). Tesis Doctoral.

García-Lorenzo, M.L., Marimón, J., Navarro-Hervas, M.C., Perez-Sirvent, C., Martínez-Sánchez, M.J., Molina-Ruiz, J., 2016. Impact of acid mine drainages on surficial waters of an abandoned mining site. Environ Sci Pollut Res Int 23(7), 6014-6023.

García-Lorenzo, M.L., Pérez-Sirvent, C., Martínez-Sánchez, M.J., Molina-Ruiz, J., Martínez, S., Arroyo, X., Martínez-Martínez, L.B., Bech, J., 2018. Potential bioavailability assessment and distribution of heavy metal(oids) in cores from Portman Bay (SE, Spain). Geochemistry: Exploration, Environment, Analysis, geochem 2018-2054.

García Rizo, C., Martínez Sánchez, J., Pérez Sirvent, C., 1999. Environmental transfer of zinc in calcareous soils in zones near old mining sites with semi-aridic climate. Chemosphere. 39 (2), 209-227.

Gónzalez-Fernández, O., Queralt, I., Manteca, J.I., García, G., Carvalho, M.L., 2010. Distribution of metals in soils and plants around mineralized zones at Cartagena-La Unión mining district (SE, Spain). Environmental Earth Sciences 63(6), 1227-1237.

Gómez Martínez, M.C., Martínez López, S., 2015. Los Sistemas de Información Geográfica como herramienta para la investigación y gestión ambiental. Innovación en la gestión e Investigación Ambiental. Ed. Salvadora Martínez López. ISBN:978-84-16296-15-6.

Gulz, P.A., Gupta, S.K., Schulin, R., 2005. Arsenic accumulation of common plants from contaminated soils. Plant and Soil, 272: 337-347.

Gunes, A., Pilbeam, D.J. e Inal, A., 2009. Effect of arsenic–phosphorus interaction on arsenic-induced oxidative stress in chickpea plants. Plant Soil, 314:211–220.

Han, F. X., Kingery, W. L., Selim, H. M., 2001. Accumulation, Redistribution, Transport and Bioavailability of Heavy Metals in Waste-Amended Soils. En: Trace elements in soil. Bioavailability, Flux and Transfer. Eds. Iskandar, I. K. y Kirkham, M. B. CRC Press. 287 pp.

Hering, J. G., 1995. Implications of complexation, sorption and dissolution kinetics for metal transport in soils. En: Metal Speciation and Contamination of Soil. Eds.

Hernández Pérez, C., 2017. Trazabilidad de elementos potencialmente peligrosos en humedales con influencia minera. Tesis Doctoral.

Hossain, M.F., 2005. Arsenic contamination in Bangladesh. An overview. Agriculture, ecosystems and environment (en prensa).

Huang, R-Q., Gao, S.F., Wang, W.L., Staunton, S., Wang, G., 2006. Soil arsenic availability and the transfer of soil arsenic to crops in suburban areas in Fujian Province, southeast China. Science of the Total Environment 368 (2006) 531–541.

IHOBE, S. A. 1998a. Manual Práctico. Investigación de la contaminación del suelo. Departamento de Ordenación del Territorio, Vivienda y Medio Ambiente, Gobierno Vasco, Vitoria-Gasteiz.

Instituto Geológico y Minero de España. www.igme.es

Instituto Tecnológico y Geominero de España. Atlas Inventario de Riesgos Geológicos de la Comunidad Autónoma de la Región de Murcia.

Instituto Tecnológico y Geominero de España., 1999. Atlas del Medio Natural de la Región de Murcia.

Inventario de Lugares de Interés Geológico de la Región de Murcia en la actualización realizada 2018.

Kabata-Pendias, A. y Pendias, H., 1992. Trace elements in soils and plants. 2nd edn. Boca Raton, CRC Press.

Kabata-Pendias, A., 2001. Trace Elements in Soils and Plants. 3rd Edition. CRC Press. Inc. Bocca Raton, Florida. 411 pp.

Kabata-Pendias, A., 2004. Soil-plant transfer of trace elements – An environmental issue. Geoderma 123, 143-149.

Kabata-Pendias, A., 2007. Trace elements from soil to Human. Environmental Sciences. 381-389.

Kabas, S., 2013. Integration of landscape reclamation, planning and design in a post-mining district. Cartagena La Unión, SE SPAIN. Tesis Doctoral.

Khademi, H., Abbaspour, A., Martínez-Martínez, S., Gabarron, M., Shahrokh, V., Faz, A., Acosta, J.A., 2018. Provenance and environmental risk of windblown materials from mine tailing ponds, Murcia, Spain. Environ Pollut 241, 432-440.

Kim, M-J., Ahn, K-H., Jung, Y., 2002. Distribution of inorganic arsenic species in mine tailings of abandoned mines from Korea. Chemosfere 49: 307-312.

Kong, I. C. y Bitton, G., 2003. Correlation Between Heavy Metal Toxicity and Metal Fractions of Contaminated Soils in Korea. Bull. Environ. Contam. Toxicol. 70: 557–565.

Le, C., Cullen, W., Reimer, K., 1994. Human urinary arsenic excretion after one-time ingestion of seaweed, crab, and shrimp, Clinical Chemistry, 40 (4), 617-624.

Ley 10/1998, de 21 de abril de Residuos.

Ley 22/2011, de 28 de julio, de residuos y suelos contaminados.

Ley 3/2020, de 27 de julio, de recuperación y protección del Mar Menor.

Liang, L. y McCarthy, J. F., 1995. Colloidal transport of metal contaminants in groundwater. En: Metal Speciation and Contamination of Soil. Eds. Allen, H. E., Huang, C. P., Bailey, G. W. y Bowers, A. R. Lewis Publishers and CRC Press. Boca Raton. Florida. 358 pp.

allLink, T. E., Ruby, M., Davis, A., Nicholson, A., 1994. Soil Lead Mineralogy by Microprobe: An Interlaboratory Comparison. Env. Sci. Teachnol. 28: 985-988.

Lapakko, K., 2002. Metal Mine Rock and Waste Characterization Tools: An Overview. Mining, Minerals and Sustainable Development. No. 67

Logan, T. J., 2000. Soils and Environmental Quality. En: Handbook of Soil Science. Ed. Sumner, M. E. CRC Press.

López García, J. A., 1992. Alteración supergénica de yacimientos de sulfuros. En: Recursos Minerales de España. Eds. García Guinea, J. y Martínez Frías, J. Consejo Superior de Investigaciones Científicas. Madrid. 1448 pp.

Lundgren, D.G. y Silver, M., 1980. Ore Leaching by Bacteria. Annual Review of Microbiology. 34, 263-283.

Mackenzie, F., 1979. Global trace metal cycles and predictions. Mathematical Geology. Paterson, Virginia. 10.1007/BF01028961

Maher, W., Goessler, W., Kirby, J., Raber, G., 1999. Arsenic concentrations 182.

Manteca, J. I. y Ovejero, G., 1992. Los yacimientos de Zn, Pb, Ag-Fe del distrito minero La Unión-Cartagena. En: Recursos Minerales de España. Eds. García Guinea, J. y Martínez Frías, J. Consejo Superior de Investigaciones Científicas. Madrid. 1448 pp.

Mapa Geológico de la Comunidad Autónoma de la Región de Murcia. Escala 1:200.000, editado por el Instituto Tecnológico GeoMinero de España.

Mapa Forestal de España (MFE) actualizado con datos de 2014.

Mapa regional de asociaciones de suelos a escala 1:100.00. Dirección General de Medio Natural de la Región de Murcia

Marín-Guirao, L., 2005. Assessment of sediment metal contamination in the Mar Menor coastal lagoon (SE Spain): Metal distribution, toxicity, bioaccumulation and benthic community structure. Ciencias Marínas 31(2), 413-428.

Marín-Guirao, L., Lloret, J., Marín, A., García, G., García Fernández, A.J., 2007. Pulse-discharges of mining wastes into a coastal lagoon: Water chemistry and toxicity. Chemistry and Ecology 23(3), 217-231.

Marimón Santos, J., 2015. Valoración de residuos industriales en el desarrallo de técnicas de tratamiento innovadoras en suelos contaminados de la Región de Murcia. Tesis Doctoral.

Martínez García, M.J., Moreno-Grau, S., Martínez-García, J.J., Moreno, J., Bayo, J., Guillén Pérez, J.J., Moreno-Clave, J., 2001. Distribution of the metals lead, cadmium, copper, and zinc in the top soil of Cartagena, Spain. Water, Air and Soil Pollution, 131, 329-347, 2001.

Martínez-López, S., Martínez-Sánchez, M.J., Gómez-Martínez, M.C, Pérez-Sirvent, S., 2019. Assessment of the risk associated with mining-derived arsenic inputs in a lagoon system. Environ Geochem Health. https://doi.org/10.1007/s10653-019-00385-5.

Martínez-López, S., Martínez-Sánchez, M.J., Gómez-Martínez, M.C, Pérez-Sirvent, C., 2020. Arsenic zoning in a coastal area of the Mediterranean Sea as a base for management and recovery of areas contaminated by old mining activities. Applied Clay Science 199 (2020) 105881.

Martínez-Pagán, P., Faz, A., Acosta, J.A., Carmona, D.M., Martínez-Martínez, S., 2011. A multidisciplinary study for mining landscape reclamation: A study case on two tailing ponds in the Region of Murcia (SE Spain). Physics and Chemistry of the Earth, 36, 1331-1344.

Martínez-Martínez, S., Acosta, J.A., Cano, A.F., Carmona, D.M., Zornoza, R., Cerda, C., 2013. Assessment of the lead and zinc contents in natural soils and tailing ponds from the Cartagena-La Unión mining district, SE Spain. Journal of Geochemical Exploration 124, 166-175.

Martínez Sánchez, M. J., Pérez Sirvent, C., García Rizo, C., 1996. Errores de evaluación de riesgos en la movilización de metales pesados en suelos carbonatados. III Congreso Nacional del Medio Ambiente. Madrid. pp. 1059-1078.

Martínez Sánchez, M.J. y Pérez Sirvent, C., 2004, Desertificación: monitorización mediante indicadores de degradación química. Proyecto Desernet. Interreg IIIB Espacio Medocc. 37 pp.

Martínez Sánchez, M.J. y Pérez Sirvent, C., 2007. Niveles de fondo y niveles genéricos de referencia de metales pesados en suelos de la Región de Murcia. Universidad de Murcia y Consejería de Desarrollo Sostenible y Ordenación del Territorio, CARM. Murcia. 306 pp.

Martínez Sánchez, M.J. y Pérez Sirvent, C., 2008. La delimitación de las zonas con influencia minera. Informe Técnico. Fundación Cluster.

Martínez-Sánchez, M.J., y Pérez Sirvent, C., 2009. Análisis del estado de la contaminación del suelo en el Sistema Campo de Cartagena- Mar Menor. Instituto Euromediterráneo del Agua. El Mar menor. Estado actual del conocmiento cientítico. ISBN: 978-84-936326-8-7.

Martínez Sánchez, M.J. y Pérez Sirvent, C., 2009. El Mar Menor. Estado actual del conocimiento científico. Capítulo: VII; Análisis del estado de la contaminación el suelo en el Sistema Campo de Cartagena-Mar Menor. Fundación Instituto Euromediterráneo del Agua. 1ª Edición: Noviembre 2009. 540pp.

Martínez-Sánchez, M.J., Pérez-Sirvent, C., García-Lorenzo, M.L., Martínez-López, S., Bech, J., Hernández, C., Martínez, L.B., Molina, J., 2017. Ecoefficient In Situ Technologies for the Remediation of Sites Affected by Old Mining Activities: The Case of Portman Bay. 355-373.

McSheehy, S., Pohl, P., Velez, D., Szpunar, J., 2002. Multidimensional liquid chromatography with parallel ICP MS and electrospray MS/MS detection as a tool for the characterization of arsenic species in algae, Anal. Bioanal. Chem., 372 457-466.

Meharg, A.A. y Macnair, M.R., 1990. "An altered phosphate uptake system in arsenate tolerant Holcus lanatus L.". New Phytol. 116: 29-35.

Mehra, O.P. y Jackson, M.L., 1960. Iron oxide removal from soils and clays by a dithionite-citrate system buffered with sodium bicarbonate. Clay Min. Bull. 7: 317-327.

Merry, R. 1987. "Tolerance of plant to heavy metals". Martinus Nijhoff Publishers. 165-171.

Moreno Grau, M. A., 2003. Toxicología Ambiental. Evaluación de riesgo para la salud humana. Ed. García Brage, A. McGraw-Hill. 370 pp.

Muñoz-Vera, A., García, G., García-Sánchez, A., 2015. Metal bioaccumulation pattern by Cotylorhiza tuberculata (Cnidaria, Scyphozoa) in the Mar

Menor coastal lagoon (SE Spain). Environ Sci Pollut Res Int 22(23), 19157-19169.

Muñoz-Vera, A., García, C., 2016. Influencia de los residuos mineros de la Sierra Minera de Cartagena La Unión en la evolución de los sedimentos de la Laguna costera Mar Menor.

Naidu, R., Krishnamurti, G. S. R., Wenzel, W., Megharaj, M., Bolan, N. S., 2001. Heavy Metal Interactions in Soils and Implications for Soil Microbial Biodiversity. En: Metals in the Environment. Analysis and Biodiversity. Ed. Prasad, M. N. V. Marcel Dekker, Inc. 487 pp.

Navarro Hervás, M. C., 2004. Movilidad y biodisponibilidad de metales pesados en el emplazamiento minero Cabezo Rajao (Murcia). Tesis doctoral. Universidad de Murcia.

Newman, M.C. y Jagoe, C.H., 1994. Ligands and the bioavailability of metals in aquatic environments. In: Hamelink, J.L., Landrum, P.F., Bergman, H.L., Benson, W.H. (Eds.). In: Bioavailability: Physical, Chemical and Biological Interactions, Proceedings of the Thirteenth Pellston Workshop. Lewis Publishers, Pellston, MI, pp. 39–61.

Nodstrom, D.K. y Alpers, C.N., 1999. Negative pH, efflorescent mineralogy and consecuences for environmental restoration at the Iron Mountain Suoerfound Site, California. Proc. Natl. Acad. Sci. USA. Vol. 96, 3455-3462.

Olsen, S.R., Cole, C.V., Watanabe, F.S., Dean, L.A., 1954. Estimation of available phosphorus in soils by extraction with sodium bicarbonate. U.S. Dept. Agr. Circ, 939.

Ongley, L.K., Sherman, L., Armienta, A., Concilio, A., Salinas, C.F., 2007. Arsenic in the soils of Zimapa´n, Mexico. Environmental Pollution 145, 793-799.

Orden PRA/1080/2017, 2 de noviembre, por la que se modifica el anexo I del Real Decreto 9/2005, de 14 de enero.

Pérez Espinosa, V., 2015. Los residuos de cantera caliza como nuevos materiales adsorbentes para la descontaminación de aguas. Innovación en la gestión e Investigación Ambiental. Ed. Salvadora Martínez López. ISBN:978-84-16296-15-6.

Pérez Ruzafa, A., 2005. The ecology of the Mar Menor coastal lagoon: A fast changing ecosystem under human pressure. Ecosystem processes and modeling for sustainable use and development. CRC Press Boca Raton.

Pérez Sirvent, C. Martínez Sánchez, M. J., García Rizo, C., 1997. Assessment of the risk of heavy metal mobilization in calcareous agricultural soils. En: Contaminated soils. 3rd International Conference on the Biogeochemistry of Trace Elements. Ed. Prost, R. INRA. 110 PDF.

Perez Sirvent, C. Martínez Sánchez, M. J., García Rizo, C., 1999. Lead mobilization in calcareous soils. En: Fate and Transport of Heavy metals in the Vadose Zone. Eds. Selim, H. M. e Iskandar, I. K. Lewis Publishers. 328 pp.

Pérez-Sirvent, C., Hernández-Pérez, C., Martínez-Sánchez, M.J., García-Lorenzo, M.L., Bech, J., 2015. Geochemical characterisation of surface waters, topsoils and efflorescences in a historic metal-mining area in Spain. Journal of Soils and Sediments 16(4), 1238-1252.

Pierzynski, G. M., Sims, J. T., Vance, G. F., 2000. Soils and Environmental Quality. CRC Press. 459 pp.

Pérez Sirvent, C., Hernández Pérez, C., Martínez Sánchez, M.J., García Lorenzo, M.L., Bech, J., 2016. Geochemical characterisation of surface waters, topsoils and efflorescences in a historic metal-mining area in Spain. J Soils Sediments (2016) 16:1238–1252.

Pérez Sirvent, C., Martínez Sánchez, M.J., García Lorenzo, M.L., Bech, J., 2018. Uptake of Cd and Pb by natural vegetation in soils polluted by mining activities. Fresenius Environmental Bulletin. Volume 17. No 10b.

Pinchler, T., Veizer, J., Hall, G.E.M., 1999. Natural input of arsenic into a coral reef ecosystem by hydrothermal fuids and its removal by Fe (III) oxyhydroxides. Environ. Sci. Technol. 33,1373-1378.

Plant J.A., Kinniburgh, Smedly P.L., Fordyce F.M., Kinck B.A., 2005. Arsenic and selenium. Chapter 9.2 in Environmental Geochemistry. Treatise on Geochemistry L. Sherwood (Ed.). Elsevier.

Porta Casanellas, J., López-Acevedo Regurín, M., Poch Claret, R.M., 2008. Introducción a la Edafología: usos y protección del suelo. Ediciones Mundi-Prensa, 451pp. Madrid.

Rieuwerts, J. S., Thornton, I., Farago, M. E., Ashmoret, M. R., 1999. Factors influencing metal bioavailability in soils: preliminary investigations for the development of a critical loads approach for metals. Chemical Speciation and Bioavailability. 10 (2): 61-75.

Rimstidt, J.D., Newcomb, W.D., 1993. Measurement and analysis of rate data. The rate reaction of ferric iron with pyrite. Geochimica et Coschimica Acta 61, 2553-2558.

Real Decreto 9/2005, de 14 de enero, por el que se establece la relación de actividades potencialmente contaminantes del suelo y los criterios y estándares para la declaración de suelos contaminados.

Reglamento del Consejo 1257/99/CE, de 17 de mayo, sobre la ayuda al desarrollo rural del Fondo Europeo de Orientación y Garantía Agrícola (FEOAGA).

Robles Arenas, V.M., 2007. Caracterización hidrogeológica de la Sierra de Cartagena-La Unión (SE de la Península Ibérica). Impacto de la minería abandonada sobre el medio hídrico. Tesis doctoral.

Romero Baena, A. J., González Díez, I., Galán Huertos, E., 2005: Meeting-Abstract: Las Eflorescencias Derivadas del Drenaje Ácido de Minas Como Acumuladoras de Elementos Tóxicos. El Caso de Peña del Hierro (So de España). En: Macla. Núm. 3. Pag. 177-178.

Roussel, C., N'eel y C, Bril, H., 2000. Minerals controlling arsenic and lead solubility in an abandoned gold mine tailings. The Science of the Total Environment 263, 209-219.

Rosique López, M. G., 2016. Gestión de los residuos y suelos contaminados procedetes de la mineria metálica, aspectos técnicos, problemas ambientales y marco normativo. Tesis Doctoral.

UreRoss, G. J. y Wang, C., 1993. Extractable Al, Fe, Mn and Si. En: Soil Sampling and Methods of Analysis. Ed: M. R. Carter. Canadian Society of Soil Science. Lewis Publishers. 823 pp.

Ruby, M. V., Schoof, R., Brattin, W., Goldade, M., Post, G., Harnois, M., Mosby, D. E., Casteel, S. W., Berti, W., Carpenter, M., Edwards, D., Cragin, D., Chappell, W., 1999. Advances in Evaluating the Oral Bioavailability of Inorganics in Soil for Use in Human Health Risk Assessment. Environ. Sci. Technol. 33 (21): 3697-3705.

Ruiz-Chancho, M.J., López-Sánchez, J.F., Schmeisser, E., Goessler, W., Franceconi, K.A., Rubio, R., 2008. Arsenic speciation in plants growing in arsenic-contaminates sites. Chemosphere 71, 1522-1530.

Rutter, A., Mir, K., Koch, I., Smith, P., Reimer, K., Poland, J., 2007. Extraction and speciation of arsenic in plants grown on arsenic contaminated soils. Talanta 72, 15507-1518.

Salminen, R. (Chief-Ed.), Batista, M.J., Bidovec, M. Demetriades, A., De Vivo, B., De Vos, W., Duris, M., Gilucis, A., Gregorauskiene, Vcarb., Halamic, J., Heitzmann, P., Lima, A., Jordan, G., Klaver, G., Klein, P., Lis, J., Locutura, J., Marsina, K., Mazreku, A., O'connor, P.J., Olsson, S.A., Ottesen, R.-T., Petersell, V., Plant, J.A., Reeder, S., Salpeteur, I.,

Sandstrom, H., Siewers, U., Steenfelt, A., Tarvainen, T., 2005. Geochemical Atlas of Europe. Part 1 – Background Information, Methodology and Maps. Geological Survey of Finland, Espoo, Finland.

Sauquillo, A., Rigol, A., Rauret, G., 2003. Overview of the use of leaching/extraction tests for risk assessment of trace metals in contaminated soils and sediments. Trends in Analytical Chemistry. 22, 152-159.

Savage, K.S., Bird, D.K., O'Day, P.A., 2005. Arsenic speciation in synthetic jarosite. Chemical Geology 215, 473-498.

Selinus, O., Alloway, B.J., Centeno, J.A., Finkeluar, R. B., Funge, R., Lindh, U., Smedley, P., 2005. Essential of Medical Geology Impacts of the Natural Environment on Public Health. Elsevier Inc.

Sheppard, M.I. and Stephenson, M., 1997. Critical evaluation of selective extraction methods for soils and sediments. En: Contaminated soils. 3rd International Conference on the Biogeochemistry of Trace Elements. Ed. INRA, Paris. 525 pp.

Shum, M. y Lavkulich, L.M., 1999. Use of sample color to estimate oxidized Fe content in mine waste rock. Environmental Geology. 37 (4), 281-289.

Simonneaua, J., 1973. Mar Menor: evolution sedimentologique et geochimique recent en remplissage. Tesis Doctoral.

Sloth, J., Julshamn, K., Lundebye, A., 2005. Total arsenic and in Organic arsenic content in Norwegian fish feed products, Aquaculture Nutrition, 11, 61-66.

Smith, E., Smith, J., Naidu, R., 2005. Distribution and nature of arsenic along former railway corridors of South Australia. Science of the Total Environment (en prensa).

Sutherland, R. A. y Tack, F. M. G., 2002. Determination of Al, Cu, Fe, Mn, Pb and Zn in certified reference materials using the optimized BCR sequential extraction procedure. Analytica Chimica Acta. 454: 249-257.

Tessier, A., Campbell, P. g. C., Bisson, M., 1979. Secuential extraction procedure for the speciation of particulate trace metals. Anal. Chem., 51: 844-851.

Thomas P., Finnie J.K., Williams, G., 1997. Feasibility of identification and monitoring of arsenic species in soils and sediment samples by coupled high-performance liquid chromatography-inductively coulpled plasma mass spectrometry. J. Analyst. Atom. Spectrom., 12, 1367-1372.

Torri, D. y Borselli, L., 2000. Water Erosion. En: Handbook of Soil Science. Ed. Sumner, M.E.CRC Press.

Traina, S. M. and Laperche, V., 1999. Contaminant bioavailability in soils, sediments and aquatic environments. Proc. Natl. Acad. Sci. USA. 96: 3365-3371.

Trezzi, G., García-Orellana, J., Santos-Echeandia, J., Rodellas, V., García-Solsona, E., García-Fernández, G., Masqué, P., 2016. The influence of a metal-enriched mining waste deposit on subMaríne groundwater discharge to the coastal sea. Maríne Chemistry 178, 35-45.

Ungaro, F., Ragazzi, F., Cappellin, R., P. Giandon, P., 2008. Arsenic concentration in the soils of the Brenta Plain (Northern Italy): Mapping the probability of exceeding contamination thresholds. Journal of Geochemical Exploration 96, 117–131.

Ure, A. M. y Davidson, C. M., 2002. Chemical speciation in soils and related materials by selective chemical extraction. En: Chemical speciation in the environment. Eds. Ure, A. M. y Davison, C. M. Blackwell Science. 451 pp.

U.S, EPA., 1993. Arsenic, Inorganic (CA8RN 7440-38·2) Integrated Risk Information System. Washington, DC: U.S. Environmental Protection Agency. Available: http://www.epa.gov/iris/subst/0278.htm

USEPA, 2000. Risk based Concentration Table. United States Environmental Protection Agency, Philadelphia, PA; Washington DC.

Vidal, J., 2002. Evaluación de los principales procesos de degradación en Fluvisoles calcáricos de la Huerta de Murcia. Tesis Doctoral. Universidad de Murcia.

Walker, D.J., Clemente, R., Roig, A., Bernal, M.P., 2003. The effects of soil amendments on heavy metal bioavailability in two contaminated Mediterranean soils. Environmental Pollution, 122, 303-312.

Wang, S. y Mulligan, C.N., 2006. Occurrence of arsenic contamination in Canada: Sources, behavior and distribution. Science of the Total Environment 366, 701– 721.

Wang, S. y Mulligan, C.N., 2008. Speciation and surface structure of inorganic arsenic in solid phases: A review. Environment International 34, 867–879.

Wauchope, R.D., 1983. "Uptake, translocation and phytotoxicity of arsenic in plants". pp 348-374. In: Arsenic: Industrial, Biomedical, Environmental Perspectives (Lederer y Fensterheim (ed.)). Arsenic Symposium, Gaithersburg, Maryland. Van Nostrand Reinhold Company. New York, N.Y.

Wauchope, R.D y Mcdowell, L.L., 1984. "Adsorption of phosphate, arsenate, methanearsonate, and cacodylate by lake and stream sediments: comparisons with soils". J. Environ. Qual. 13, 3: 499-504.

Woolson, E.A., 1972. "Effects of fertiliser materials and combinations on the phytotoxicity, availability and content of arsenic in corn". J. Sci. Fd. Agric. 23: 1477-81.

Yan, X., Kerrich, R., Hendry, M.J., 2000. Distribution of arsenic (III), arsenic (V) and total inorganic arsenic in pore-waters from a thick till and clay-rich aquitard sequence, Saskatchewan, Canada. Geochim. Cosmochim. Acta, 64, 2637-2648.

Zhao, C., Yuanming Zheng, J.Y., Yang, J., Guo, G., Wang, J., Chen, T., 2019. Effects of environmental governance in mining areas: The trend of arsenic concentration in the environmental media of a typical mining area in 25 years. Chemosphere 235, 849-857.

Zhen, Q., Zheng, J., Zhang, X., Shao, M., 2019. Changes of solute transport characteristics in soil profile after mining at an opencast coal mine site on the Loess Plateau, China. Science of the Total Environment 665,142–152.

Zornoza, R., Faz, A., Carmona, D.M., Martínez-Martínez, S., Acosta, J.A., 2012. Plant Cover and Soil Biochemical Properties in a Mine Tailing Pond Five Years After Application of Marble Wastes and Organic Amendments. Pedosphere 22(1), 22-32.

Printed by Books on Demand GmbH, Norderstedt / Germany